月刊誌

数理科学

毎月20日発売
本体954円

予約購読のおすすめ

本誌の性格上、配本書店が限られます。**郵送料弊社負担**にて確実にお手元へ届くお得な予約購読をご利用下さい。

JN103884

年間 **11000**円
（本誌**12冊**）

半年 **5500**円
（本誌**6冊**）

予約購読料は**税込み価格**です。

なお、**SGC** ライブラリのご注文については、予約購読者の方には、商品到着後のお支払いにて承ります。

お申し込みはとじ込みの振替用紙をご利用下さい！

サイエンス社

「数理科学」のバックナンバーは下記の書店・生協の自然科学書売場で特別販売しております

SGCライブラリ-180

リーマン積分から
ルベーグ積分へ

積分論と実解析

小川 卓克　著

サイエンス社

SGC ライブラリ (The Library for Senior & Graduate Courses)

近年，特に大学理工系の大学院の充実はめざましいものがあります．しかしながら学部上級課程並びに大学院課程の学術的テキスト・参考書はきわめて少ないのが現状であります．本ライブラリはこれらの状況を踏まえ，広く研究者をも対象とし，**数理科学諸分野および諸分野の相互に関連する領域**から，現代的テーマやトピックスを順次とりあげ，時代の要請に応える魅力的なライブラリを構築してゆこうとするものです．装丁の色調は，

数学・応用数理・統計系（黄緑），**物理学系**（黄色），**情報科学系**（桃色），

脳科学・生命科学系（橙色），**数理工学系**（紫），**経済学等社会科学系**（水色）

と大別し，漸次各分野の今日的主要テーマの網羅・集成をはかってまいります．

はじめに

　本書「(仮題) 積分論概説─リーマン積分からルベーグ積分へ─」は当初，ルベーグ積分とそれに続く実解析の入門書として意図されたものである．ルベーグ積分は理学部数学科・情報学科あるいはそれに類する学科で必修的講義として開講され，現代数理科学に欠くことのできない分野で，測度論，積分論，そしてそれらに基づく，微分積分論の再構築がなされる現代解析学の必須分野である．応用諸分野においても「ルベーグの意味での積分により...」という注釈付きで述べられることが多く，工学系の学部 4 年生〜大学院初年度における選択講義となる場合も多いであろう．しかしながら学部 3〜4 年生くらいでその全貌を理解することは，なかなか難しいと思われる科目でもある．

　高等学校で習う積分論は，多くの現実的な例を含み実際上はかなり有効だが，その厳密な定義と高次元化，さらなる計算技法の取得は，大学初年度に持ち越されている．その基礎となるのは，リーマンが確立したリーマン積分である．リーマン積分そのものの定義が確定したのは比較的新しく，それまでは様々な方法により個別の積分が考案されていたのであった．例えば複素関数の積分はリーマンよりも早く，コーシーらによって検討されていたわけである．リーマン積分は，関数のグラフなどに囲まれる領域の面積を求める上で，領域を長方形に有限分割して足し合わせ，その後に極限操作を行うことにより，なめらかな曲線に囲まれた領域の面積や体積，さらにはその上での函数の積分を求める．無限大への発散を避けるためには分割を有限にとどめねばならず，それ故にそれ以前に知られていた多くの現実的な積分計算を自由に行うことがはばかられる．問題点の一つである無限に広い領域に積分を拡張することには特異積分が有効であるが，本質的に分割が有限である縛りは変わっていない．その問題点を発想の転換で解決したものが，ルベーグ積分というわけである．実際には，その確立までには多くの数学者の情熱とアイデアが注入されている．

　本書はそうしたルベーグ積分の利点を最短コースで理解していただくように構成されている．特にルベーグ積分の定義に，リーマン積分及びその広義積分を基礎としたものを採用している．これによりリーマン積分やダルブー積分，それに続く広義積分を知ることは無意味ではなくなる．読者には 4 章の収束定理あたりまでを御理解いただければ，本書の目標は半分以上達成できたと思える．その場合 1 章冒頭のところは読み飛ばし，1-2 節からはじめてもらえばよい*1)．他方，最短性を重視してその後の解析学への展開部分を幾分割愛した．本書の前半 4 章までとそれに続く，5 章，6 章くらいまでが通常のルベーグ積分論の範囲であろうか? 巻末にも述べたが，優れた積分論の教科書は和洋書含めて非常に多い．その中で，本書により読者の理解が少しでも進めば本書上梓の意味はあるものと思われる．

2022 年 8 月

小川 卓克

---

*1)　必要になったら冒頭に戻っていただくか他の専門書を参照されたい．

目　次

第 0 章

序章 積分論の導入

　積分は曲線で囲まれた領域の面積を求める数学的に組織
的な方法で，高等学校で習う区分求積法はその原理を表し，
極限操作によって厳密に定義されたものが Riemann 積分
(リーマン積分) である．B. Riemann (リーマン) が積分を
定式化する以前から，2 次元領域の面積や 3 次元領域の体
積を求める方法は非常に多く知られていたが，無限小や無
限大に関わる操作について，曖昧な部分を巧妙に回避する
必要があり，数列の収束や函数の連続性の概念の確立以降
に，組織的計算が可能となる定義が確立したといえる．そ

H. Lebesgue

もそも微分と積分の関係を明らかにした G. Libnitz (ライ
プニッツ)*1) や I. Newton (ニュートン) らも積分の概念を知っていたわけで
あるから，積分の概念は長い歴史の中で精査され発展してきた概念といえる．
それは G. Darboux (ダルブー) による Darboux の拡張をに加えて，É. Borel
(ボレル) による測度の概念を経て，H. Lebesgue (ルベーグ) の学位論文「積分
長さおよび 面積」(1902 年) (参考文献 [6]) による Legesgue 積分に結実する，
それまでの積分論の拡張である*2)．

　積分の概念それ自身は非常に古い．それは，面積を求めることが，古来作物
の作付け面積や，領土の確保と言った社会体制の基盤に直結する問題だったか
らである．無論，農作物であれば天候や，水の確保，気温や天変地異，領土で
あれば政治体制や国家構造と言った別の視点も大いに考察しなければならない
ところではあるが，面積はもっとも基本的な基準であった．加えて長さや体積
と言った量に対する概念は非常に基本的な数学的考えに基づくものである．

---

*1)　Gottfried W. Leibniz (1646–1716). ドイツの数学者・自然科学者・哲学者・外交官.
*2)　A. Einstein (アインシュタイン) の特殊相対性理論・光量子論・Brown (ブラウン) 運
　　　動論と 3 年違い，数学や物理学の奇跡的な発展が前世紀初頭ほぼ同時期になされたこと
　　　になる．なお Fermat の定理に関わる数論の V.-A., Lebesgue は別人.

こうした積分論の歴史をひもとくのは興味深いことだが，最先端の数理科学を最短で手に入れることが求められる昨今，数学の歴史をゆっくり学ぶ時間に乏しい．実際，著者は数学史についてまったくの素人であり，大まかな理解すら怠ってきたのだが，子供の頃に Archimedes (アルキメデス) が[*3]，風呂から飛び出した著名な逸話[*4] を教わった頃，彼以前にも同様な概念に気づいた風呂好きな人々が大勢いただろうと想像したのであった．その後，より組織的に曲線で囲まれた面積や物体の容量を定量的に求める問題は，人間社会が要求した必然であったが，そこには非常に長い年月と多くの数学者の発想やアイデアが必要であった．例えば J. Kepler (ケプラー)[*5]の酒樽容量の算定法は，回転体の体積の求め方として高等学校の教科書にも紹介されているし，F. Cavalieri (カバリエリ)[*6]による Cavalieri の原理は底辺を固定した高さの同じ三角形や四角形の面積として小学校の教科書にも一部説明されている．Cavalieri の原理は，その後，函数のグラフの対称性や変分法と結び付き，再配列理論 (rearrangement) として体系化されることとなるが，積分論の構成以降にも例えば物理学に直接応用のある，E. Lieb (リープ) らによって，函数不等式の最良定数を求める有効な数学的手段としての地位を確立している．曲線で囲まれた領域の面積や体積の計算は，函数のグラフで囲まれる部分の面積・体積を求める方法として，数学的に定式化され，P. Fermat (フェルマー)[*7]や T. Seki (關)[*8] らの研究の後，A. Cauchy (コーシー) によって極限概念の確立により厳密化され (1820 年頃)，それを受けて B. Riemann (リーマン)[*9] によって厳密な定義が与えられ確定した (1854 年).

これは函数を階段状の短冊で上と下から近似して面積を与えようというものである．

$$\sum_{\xi_l \in I_l} \inf f(x_l) |\Delta| \leq \int_I f(x) dx \leq \sum_{\xi_l \in I_l} \sup f(x_i) |\Delta|.$$

[*3]　Archimedes, (287 BC–212 BC). 古代ギリシアの数学者，物理学者，技術者．Archimedes の原理など．

[*4]　王冠の体積をはかる方法を風呂屋で思いつきヘウレカ!(わかった!) と叫んでそのまま外に飛び出した．

[*5]　Johannes Kepler (1571–1630). ドイツの数学者・天文学者．惑星の楕円軌道に関するケプラーの法則は著名．

[*6]　Francesco Bonaventura Cavalieri (1598–1647). イタリアの数学者．Cavalieri の原理を提唱した．$(0,1)$ 区間上の x^2 や x^3 の積分を求めた．

[*7]　Pierre de Fermat (1607–1665). 数学を趣味としていた．x^n で囲まれる領域の面積を求めた最初の人と言われる．ディオファントスの書「算術」の余白に書き込んだ命題の証明が長く未解決で Fermat の最後の定理と呼ばれ 1995 年に A. Weis により解決された．

[*8]　關 孝和 (?–1708). 和算關流の始祖．円周率の近似計算，ベルヌーイ数のベルヌーイより早い発見，行列式の定式化などで知られる日本の (和算) 数学者．なお東北帝国大学理科大学数学科初代教授の林 鶴一教授は關流免許皆伝であった．

[*9]　Georg Friedrich Bernhard Riemann (1826–1866). ドイツの数学者．整数論，微分幾何学，解析学など数学の多くの分野で多大な功績を挙げた．リーマン予想は未だに未解決であることで知られる．数学のあらゆる分野に大きな功績を残す．41 歳で没する．

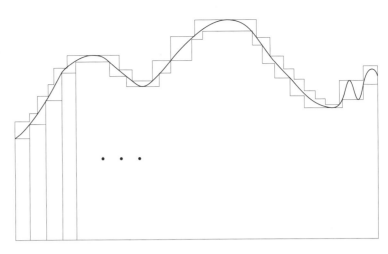

図1 1次元函数のグラフで囲まれる部分の面積.

ここで Δ は区間 I の有限個の分割である．曲線で囲まれる面積をまずは分割して，適当な (良い性質を持った) 函数のグラフで囲まれる領域の面積に限定し，函数のグラフより下側にある (高さの小さい)，細長い短冊の面積の総和を求めるという方法で定式化されたのが Riemann 積分であった．高等学校で区分求積法として習うやり方がその原型である．

B. Riemann

そして積分の概念が確定すると，積分範囲の次元を上げて体積や高次元の超体積の概念に拡張され，「測度」の概念に至る．

これに対して，面積や体積を表すのに Riemann による方法を踏襲せず直接実数の性質が反映するように再構成したものが Lebesgue 積分である．その特徴を一言で述べるなら次の 2 点に集約される．すなわち

(1) Riemann 積分が面積を細かい短冊形の長方形に分解して計算するのに対して，函数のグラフを横に切り出して，その横に切った薄いスライス状の部分の体積を計算して足し合わせる．

(2) Lebesgue 積分でグラフを横切りにして測るが，その際グラフを上に見込む部分の長さのはかり方で無限個の分割を許す測度を導入して測る．この方法の背景には，横切りにしたときには函数グラフの高さ方向の暴れに強くなるという利点を得ることがある．

の 2 点に集約される．Riemann 積分のようにグラフの縦方向に短冊を区切るとき，そのまま底辺の分割を無限個にするわけにはいかないが，区切る軸を縦軸に変更したのちに，横軸方向に無限個に分割できるようにするというわけである．こうしたアイデアは可積分となる函数に対する重要な拡張を提供する．すなわち積分される函数の縦方向 (値方向) の自由度が上がるという点．さらに薄くスライスされた領域の面積を測るために無限個の矩形 (区間 (1 次元)

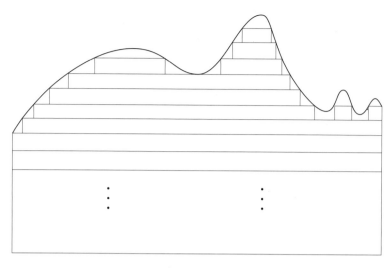

図 2　Lebesgue 積分の区分求積の図.

乃至長方形 (2 次元) の一般化) でスライス領域を近似するということ. これにより測れる集合が増え, 従って積分可能な集合も増えることとなった.
こうした拡張によって Lebesgue 積分による積分は

(3) 極限と積分の順序交換に対する条件の緩和
　　とともに
(4) 実数列の「完備性」という性質を, 函数列に遺伝させることを可能とした.

これによって函数空間に実数の集合と類似の構造 (完備性) が導入され, 量子力学, 数理物理, 偏部分方程式論と言った分野に応用される函数解析の分野を生み出したのである.

　さて実際に Lebesgue 積分を解説するに当たって, 手始めに, Riemann 積分と Darboux による拡張を述べる. そして函数のグラフのスライス領域の面積を測るための尺度 (測度) の概念 (Jordan (ジョルダン) 測度) を導入しそれを拡張して Lebesgue の測度 $\mu(\Omega)$ を導入する. Lebesgue 測度の導入には Carathéodory (カラテオドリ) の外測度の概念が有効である. 実際 Carathéodory の外測度は Lebesgue が彼の積分の概念を確立した後に導入された. こうして概観しただけでも, 多くの数学者のアイデアが詰め込まれていることがわかる.

　そして本書では, Riemann 積分を起点に広義積分を導入し, 広義積分と上半レベル集合によって Lebesgue 積分を定義し, Lebesgue 積分を基礎とした微積分学の再構築とそこから得られる解析学的応用の糸口までの解説を試みる. こうした方法は Lieb-Loss の教科書 [7] などで一般的になり, 今日多くの

Lebesgue 積分の教科書[*10] に見られる道筋である.

第 1 章から 4 章までは概説編であり，Riemann 積分を基礎に Lebesgue 積分の概念を測度の概念と函数の上半レベル集合を基礎に構成する．Lebesgue 積分がどのようなものであるかを手っ取り早く知るための部分であり，理論構造よりも応用に向けて詳細を飛ばして最短で積分と収束定理までに到達するように記述されている．

第 5 章から終章までは詳説編であり，集合値函数としての測度の概念を Borel (ボレル) 可測性などを導入して整備する．これにより Euclid 空間 $\mathbb{R}^n$ 上の開集合と可測集合の関係が明らかになる．そして Lebesgue 測度で測れない集合の存在や，Lebesgue 積分を用いた多重積分や積分順序交換，さらには微分の再構築など実解析の入り口までを述べる．

基礎知識として，距離空間における位相と集合論を仮定する．

[*10] 例えば [14], [8] 参照.

第 1 章

Riemann 積分概説

Lebesgue による積分の概念の到達の前に，より基本的な Riemann による積分について概説する．その基礎となる実数の定義と性質を復習する．

1.1 実数と上限下限

Riemann の積分を理解するには実数の性質を復習しておく必要がある．実数全体の集合を $\mathbb{R}$ とする．以下当面 $A \subset \mathbb{R}$ は実数 $\mathbb{R}$ の部分集合を表す．また $n \in \mathbb{N}$ に対して $\mathbb{R}^n$ を n 次元ユークリッド空間とする．直感的には $x \in \mathbb{R}^n$ とは n 個の実数を $x = (x_1, x_2, x_3, \cdots, x_n)$ と[*1)] 並べたものであり n 次元ベクトルと呼ばれるものである．

<u>定義</u> (上界下界，上限下限，最大最小)．実数の集合を $\mathbb{R}$，その部分集合を A とする．

(1) $A \subset \mathbb{R}$ の任意の $x \in A$ に対して $x \leq a$ となるとき a を A の上界 (のひとつ) という．同様に下界も $x \in A$ に対して $b \geq x$ となるものとして定義される．

(2) A の上界のうちもっとも小さいものを A の上限といい $\sup A$ と表す．また A の下界のうち最大のものを A の下限と呼び $\inf A$ と表す．

(3) A の上限値が A に属すとき A の最大値と呼び $\max A$ と表す．同様に下限が A に属せば最小値と呼び $\min A$ と表す．

● 上限・下限の直感的意味：$\sup A$ や $\inf A$ は $\max A$ や $\min A$ とはわずかに意味が異なる．具体的には例えば放物線 x^2 のグラフにおいて，$\inf_{x \in \mathbb{R}} x^2$ は最小値 $\min_{x \in \mathbb{R}} x^2$ と一致して共に 0 である．しかし $y = e^x$ はすべての実数に対して $e^x > 0$ となるが $x \to -\infty$ で e^x はいくらでも小さくなるので，$\min_{x \in \mathbb{R}} e^x$ は存在しない．しかし $\inf_{x \in \mathbb{R}} e^x = 0$ である．$\sup$ に対しても $-e^x$ を考えれば同様の議論ができる．すなわち，

---

*1) ここで各 x_1, x_2, $\cdots$ などはいずれも $\mathbb{R}$ の元．

sup や inf は最大値，最小値が与えられないときのそれらの数学的な代用品である．しかしここではその細かい違いに気を取られる必要はほとんどない．以下，こだわらない場合には sup を max のように inf を min のように考えていてよい．

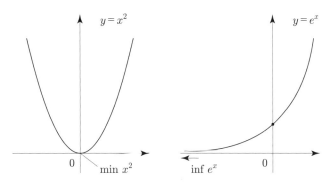

図 1.1　$\min x^2$ と $\inf e^x$ の図．

実数の備える性質として完備性という概念がある．直感的には理解しづらい概念の一つであるが重要な概念である．これは実数の定義から得られるものであるが，実数の定義にはいくつかの流儀がある．ここでは sup, inf を容易に得られる以下の切断の公理を採用する．

<u>公理</u> (Dedekind (デデキント) の切断)[*2]．$\mathbb{R}$ の任意の**切断**すなわち $\{A, B\}$ を二つの連結した区間とし $A \cup B = \mathbb{R}, A \cap B = \emptyset$ であるとする．$A < B$ であるとする．このとき

(1) $\max A$ が存在して $\min B$ が存在しないか，

(2) $\min B$ が存在して $\max A$ が存在しないか

のいずれか一方が必ず成り立つ．

J.W.R. Dedekind

この公理から次が従う．

命題 1.1　$A \subset \mathbb{R}$ が上に有界な集合であれば $\sup A$ が存在する．また $A \subset \mathbb{R}$ が下に有界な集合であれば $\inf A$ が存在する．

命題 1.1 の証明. A が上に有界と仮定する．

$$B = \{b \mid a \le b, \forall a \in A\}, \quad A \text{ の上界全体},$$

$$\tilde{A} = \mathbb{R} \setminus B, \quad B \text{ 以外の集合とする}.$$

このとき明らかに $(\tilde{A}, B)$ は実数の切断．Dedekind の切断の公理から

(1) $\max \tilde{A}$ が存在して，$\min B$ は存在しないか

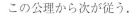

*2)　Julius W. Richard. Dedekind (1831–1916). Dedekind Schnitt で著名.

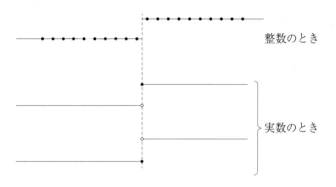

図 1.2 Dedekind 切断の図.

(2) $\max \tilde{A}$ は存在しないが，$\min B$ は存在する

のいずれかが成立する．(1) が成立すると仮定して矛盾を導く．$\alpha = \max \tilde{A}$ とおくと $\alpha \in \tilde{A}$ でありかつ $\alpha \notin B$．B は A の上界全体だったから，α は A の上界にはなり得ない．すなわちある $a_0 \in A$ があって $\alpha < a_0$ 特に $\alpha < \beta < a_0$ なる β をとると，β も A の上界ではない．(β よりも大きい A の元 a_0 があるから．) 従って $\beta \notin B$．ゆえに $\beta \in \tilde{A}$ これは $\alpha = \max \tilde{A}$ ($\tilde{A}$ の最大値) と $\alpha < \beta$ に矛盾する． $\square$

こうして次の重要な実数の性質が導かれる．

<u>定義</u> (Cauchy 列)．数列 $\{a_k\}_{k=1}^{\infty}$ が **Cauchy** 列 (コーシー列) であるとは，任意の $\varepsilon > 0$ に対してある $N \in \mathbb{N}$ があって，任意の $m, n \geq N$ に対して

$$|a_m - a_n| < \varepsilon$$

が成り立つとき．

命題 1.2 $\quad A = \{a_k\}_{k=1}^{\infty}$ を実数 $a_k \in \mathbb{R}$ による数列とする．

(1) A が有界で単調 (増加，非減少，減少，非増加のいずれでも) ならば収束極限を持つ．

(2) A が有界ならばその部分列 $A' = \{a_{k_\ell}\}_{\ell=1}^{\infty} \subset A$ で収束するものが存在する．

(3) A が Cauchy 列 (コーシー列) ならば収束極限を持つ．

命題 1.2 の証明.

(1) $\{a_n\}_{n=1}^{\infty}$ を単調増大 $a_n \leq a_{n+1}$ で上に有界 $a_n \leq M$ $(\forall n)$ な列とする．命題 I-1 より $\{a_n\}$ には上限 $\alpha = \sup_n a_n$ が存在する．特に任意の $\varepsilon > 0$ に対してある番号 n がとれて

$$a_n \leq \alpha < a_n + \varepsilon$$

とできる．ここで $\{a_n\}_{n=1}^{\infty}$ は単調増大列だから $n \leq m$ なる任意の m に対して

$$a_n \leq \alpha < a_n + \varepsilon \leq a_m + \varepsilon$$

が成立する．これは

$$\alpha - a_m < \varepsilon$$

を意味する．片や

$$0 \le \alpha - a_m$$

も成立する．実際もし一つでも $\alpha < a_m$ となるとすべての $\ell > m$ に対して $\sup_n a_n = \alpha < a_\ell$ が成り立ち α の定義に矛盾する．従って

$$0 \le \alpha - a_m < \varepsilon.$$

特に $|\alpha - a_m| < \varepsilon$ を表している．すなわち $\displaystyle\lim_{m \to \infty} a_m = \alpha$.

<u>問題 1</u>．命題 1.2 の単調減少列の場合を証明せよ．

(2) $\{a_n\}$ が有界列であるとする．命題 1.1 より $\alpha = \inf_n a_n$ と $\beta = \sup_n a_n$ が存在する．いま区間 $[\alpha, \beta]$ を 2 等分割し $I_1^1 \cup I_2^1$ とする．前者か後者の少なくとも一方に $\{a_n\}$ の部分列 (無限個の数列) が含まれ，他方には数列の元が一つも含まれないかあるいは少なくとも一つ含まれる．無限個含む区間が I_2^1 であるとする．もし I_1^1 に含まれる元があればそれを取り出し (それを a_0' とおく)，それより番号の大きい数列の部分列のみを考える．I_2^1 をさらに 2 等分して $I_1^2 \cup I_2^2$ と表す．I_1^2 か I_2^2 のいずれか少なくとも一方に無限部分列が含まれる．I_1^2 であれば I_1^2 に対して前と同じ操作を繰り返す．I_2^2 であるとき，I_1^2 に元が含まれれば I_1^2 から一つ元を取り出し (それを a_1' として)，その番号の先の部分列で I_2^2 に含まれるものだけを考える．

　この手順を繰り返して行くと，取り出された無限列が単調増大になるかあるいは，列が取り出されずに I_n^1 にいつも部分列が含まれる状況が成立する．I_n^1

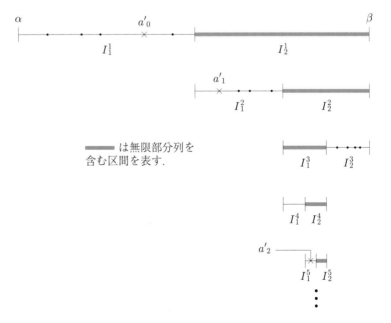

図 1.3　区間選択法の図．

だけに $\{a_n\}$ の無限列が含まれていく場合には I_n^1 の収束先が極限となる．そうでない場合には他方から一つずつ数字を取り出し (それを a'_n とおく) それを並べるとそれは単調増大列となる．従って命題 1.2 (1) より，その部分列は収束極限を持つ．

(3) 基本的には Cauchy 列から単調な部分列を抽出することにより議論を (1) に帰着させ，部分列ではなく全列で収束することは Cauchy 列の定義による．$\{a_n\}$ が Cauchy 列であればそれは有界列となることは容易にわかる ($\varepsilon = 1/n^2$ ととればよい)．(2) よりそれは収束部分列を持つ．その極限にもとの列 $\{a_n\}$ が収束することは Cauchy 列の定義から容易にわかる．実際 $\{a'_n\}$ を収束部分列として $\alpha = \lim_{n \to \infty} a'_n$ とおけば

$$|a_n - \alpha| \le |a_n - a'_n| + |a'_n - \alpha| \le 2\varepsilon$$

とできるから． □

Cauchy[*3] 列が収束することを「完備」と呼ぶが，数列の性質であるこの完備性を函数列に拡大することにより，数列の理論が函数列の理論に引き継がれる．このことにより函数全体をあたかも数の集合のように扱うことが解析学的に可能となる．これが Lebesgue 積分により函数列に引き継がれる性質であることが後にわかる．

A.L. Cauchy

以上の各性質はそのまま Eulcid 空間 $\mathbb{R}^n$ とその部分集合に拡張される．

　$\mathbb{R}^n$ は n 次元 Euclid (ユークリッド) 空間と呼ばれ，2 次元の実数の組 $\mathbb{R}^2$ や 3 次元の実数の組 $\mathbb{R}^3$ の自然数 n 次元への拡張である．$\mathbb{R}^n$ は単に実数を n 個並べた対象であるが，加減とスカラー倍に関する代数的演算を備えたベクトル空間となる．実際には n 次元 Euclid 空間は非現実的な対象である．どこまで行っても端がないので，昔の人が考えた宇宙のようなものであろうか[*4]？

　以下しばしば Ω は $\mathbb{R}^n$ の部分集合を表し，概ね連結集合ととる．また領域として選ぶこともよくある．$\mathbb{R}^n$ 上の開集合とは $\mathbb{R}$ 上の開区間 (a, b) の概念の拡張であり，任意の点の近傍がまたその集合に属す場合を指す．これはその集合の境界点を含まないような集合となる．また閉集合は閉区間 $[a, b]$ の概念の $\mathbb{R}^n$ への拡張であって境界点をすべて含む集合であるが，いずれも以下に述べる長方形のような集合にとどまらず，境界は整った形 (直線や曲線) である必要は無い．集合 $\Omega \subset \mathbb{R}^n$ の閉包 $\bar{\Omega}$ とは Ω に Ω の境界点を含めた集合をさすが，Ω の境界点とは Ω に属する点列 (数列) で近づけることができる点すべて

---

*3) Augustin Louis Cauchy (1789–1857). フランスの数学者，代数学，解析学の基礎特に収束の厳密な定義を導入し，複素解析学を創造，ほかに光学や弾性体理論にも貢献した．
*4) Euclid (300BC ごろ)．古代ギリシャの数学者．原論の著者とされる．

を指す．また Ω の点でその近傍がまた Ω に属すような点を Ω の内点と呼び Ω の内点全体を $\mathrm{int}(\Omega)$ などと記す．集合 Ω が連結とは，集合がつながっている概念を拡張したものであって，それ自身が二つ以上の非自明な集合の閉包が分離できない場合を指す．集合 Ω が領域とは開で連結のとき[*5]．

<u>定義</u> (有界函数・連続函数)．以下で Ω を $\mathbb{R}^n$ 上の開集合とする．f を Ω 上で定義された函数とする．すなわち $f : \Omega \to \mathbb{R}$.

(1) 函数 f が Ω 上で有界とはある $M > 0$ が存在してすべての $x \in \Omega$ に対して $|f(x)| \le M$ となること．このような函数全体を $B(\Omega)$ と表す．

(2) 函数 f が $x_0 \in \Omega$ において**連続**であるとは任意の $\varepsilon > 0$ に対してある $\delta > 0$ が存在して $|x_0 - y| < \delta$ であれば $|f(x_0) - f(y)| < \varepsilon$ とできるとき．すべての $x \in \Omega$ についてこれが成り立つとき f は Ω 上で連続であるという．このことを $|f(x_0) - f(y)| = o(1)$ $(|x_0 - y| \to 0)$ と記す[*6]．Ω 上で連続な函数全体の集合を $C(\Omega)$ と表す．

(3) 函数 f が Ω 上で**一様連続**であるとは任意の $\varepsilon > 0$ に対して $\delta > 0$ がとれて $|x - y| < \delta$ なる任意の $x, y \in \Omega$ に対して $|f(x) - f(y)| < \varepsilon$ が成り立つとき．このような函数全体を $UC(\Omega)$ と表す．

(4) $B(\Omega) \cap C(\Omega)$ を $BC(\Omega)$ と，また $B(\Omega) \cap UC(\Omega)$ を $BUC(\Omega)$ と表すことがある．

(5) Ω が $\mathbb{R}^n$ 上での閉集合であっても連続性を適宜修正してほぼ同様に定義される．

高等学校までに学習する初等的な函数は概ね連続函数である．逆にグラフが途中で途切れて上下にジャンプする函数は連続ではない．1 次函数 $y = ax + b$ は実軸 $\mathbb{R}$ 上で一様連続であるが有界函数ではない．一方 2 次函数や 3 次函数は $\mathbb{R}$ 上で連続ではあるが一様連続ではない．三角函数のうち $\sin x$ や $\cos x$ は $\mathbb{R}$ 上で有界かつ一様連続であるが $\tan x$ は $\mathbb{R}$ 上で連続でも一様連続でも有界でもない．$\tan x$ は $(-\frac{\pi}{2}, \frac{\pi}{2})$ 上に制限して考えると連続函数であるが有界でも，一様連続でもない．一般に $\mathbb{R}$ 上で連続で有界だからといって一様連続になるとは限らない．こうした性質の相互の関係には函数の定義域 Ω の性質が反映し，特に Ω がユークリッド空間の部分集合であれば Ω のコンパクト性が大いに影響する．実際 $\Omega \subset \mathbb{R}^n$ が相対コンパクトならば，すなわち Ω の閉包がコンパクトならば $C(\bar{\Omega}) \subset BUC(\bar{\Omega})$ であることが示される．

<u>問題 2</u>．$\bar{\Omega}$ が $\mathbb{R}^n$ 上のコンパクト集合であるとき，すなわち $\mathbb{R}^n$ の有界閉集合であるとき $C(\bar{\Omega}) \subset BUC(\bar{\Omega})$ であることを示せ．

[*5] 開集合・閉集合・閉包などの厳密な定義は，位相集合の図書を参照すること．

[*6] $o(1)$ の o は小文字の o (オー) であり，Landau の記号と呼ばれる．Edmund G.H. Landau (1877–1938) (ドイツの数学者) にちなむ．

次に $\mathbb{R}^n$ 上の「矩形領域」乃至は単に「矩形」を定義する.

<u>定義</u> (矩形). R が $\mathbb{R}^n$ の矩形領域あるいは単に**矩形** (rectangle) であるとは $a_i < b_i\ (i = 1, 2, \cdots n)$ に対して $R = [a_1, b_1) \times [a_2, b_2) \times [a_3, b_3) \times \cdots \times [a_n, b_n)$ と表されるとき. また R の体積 (測度) を $|R| = \prod_i |b_i - a_i|$ で定義する.

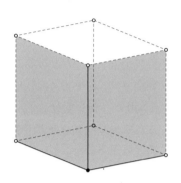

図 1.4 $n = 3$ の矩形の図.

注意: 矩形 R は長方形の概念を n 次元に拡張したものであるが開集合 (開長方形) でも閉集合でもない (実際 1 次元の右半開区間の直接的拡張概念である). このようにしておくと空間を矩形で埋め尽くすときに互いに矩形が交わらずに都合が良い. 特に矩形の内部を開矩形ということがある. 矩形は開集合でないので位相数学で言う "領域" (=開かつ連結) ではない. 上記のように「矩形領域」という語を用いる場合が以降まれにあるが, この「領域」は位相数学の "領域" とは意味が異なることに注意する.

　以下領域 $\Omega \subset \mathbb{R}^n$ を覆う有限個の矩形の全体の集合を $\mathcal{R}$ と表す. すなわち $\Omega \subset \bigcup_{R_l \in \mathcal{R}} R_l$ である. 以下, 特に断らない場合, $\mathcal{R}$ をなす矩形は互いに交わらないものとする[*7)].

<u>定義</u> (細分). 矩形集合の族 (=矩形集合の集合) $\mathcal{R}_1$ がほかの矩形の族 $\mathcal{R}_0$ の**細分**であるとは,

(1) 任意の $R' \in \mathcal{R}_1$ に対してある矩形 $\exists R \in \mathcal{R}_0$ が存在して $R' \subset R$.

(2) 任意の $R \in \mathcal{R}_0$ に対して, $\mathcal{R}_1$ の矩形の部分族 $\mathcal{R}_1' \subset \mathcal{R}_1$ があってかつ $R = \bigcup_{R' \in \mathcal{R}_1'} R'$ と表せるとき.

このとき $\mathcal{R}_1 \trianglelefteq \mathcal{R}_0$ と表す. また矩形の族 $\mathcal{R}$ の大きさ (の最大値) $|\Delta \mathcal{R}|$ とは $|\Delta \mathcal{R}| = \max_{R \in \mathcal{R}} |R|$ のこと. すなわち矩形の族 $\mathcal{R}$ に含まれるもっとも大きな矩形の体積が矩形の族の大きさ $|\Delta \mathcal{R}|$ である. また $\mathcal{R}_1 \trianglelefteq \mathcal{R}_0$ ならばそれぞれの大きさには $|\Delta \mathcal{R}_1| \le |\Delta \mathcal{R}_0|$ の関係が成り立つ. 従って一般に矩形の族の細分を選ぶと細分の大きさは元の族の大きさから単調に減少することになる. これ

---

*7)　交わる矩形の合併から交わらないより細かい矩形の族に分割することが可能.

は考えている領域をより細かい矩形に分割していくことになる. 区分求積法で
積分したい区間をどんどん細かく分割することに対応する.

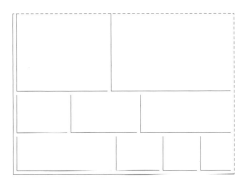

図 1.5　矩形の細分の図.

さらに細分の全体積に当たるものを $|\mathcal{R}| = \sum_{R_k \in \mathcal{R}} |R_k|$ と表すことにする.
$\mathcal{R}_1 \trianglelefteq \mathcal{R}_0$ ならば $|\mathcal{R}_1| = |\mathcal{R}_0|$ である (分割しても全体積は変わらないという
こと).

1.2　Riemann 和と Riemann 積分

以下では, 説明を簡潔にするために, Ω は $\mathbb{R}^n$ における**矩形集合の有限個
の合併**によって表される有界集合とする. すなわち $\Omega = \bigcup_{R_l \in \mathcal{R}} R_l$ と表せ
る有限個の互いに交わらない矩形からなる矩形族 $\mathcal{R}$ が存在するものとする.
$f \in B(\Omega)$ に対して Riemann 和を定義する.

<u>定義</u> (Riemann 上和, Riemann 下和). $\mathcal{R}$ を Ω の細分となる矩形の族とする.

$$\mathcal{U}_f(\mathcal{R}) = \sum_{R_l \in \mathcal{R}} \sup_{x \in R_l} f(x)|R_l|$$

を f の Ω における Riemann (-Darboux) 上和 (upper sum),

$$\mathcal{L}_f(\mathcal{R}) = \sum_{R_l \in \mathcal{R}} \inf_{x \in R_l} f(x)|R_l|$$

を f の Ω における Riemann (-Darboux) 下和 (lower sum) と呼ぶ.

<u>定義</u> (Riemann 積分). $f \in C(\Omega)$ が Ω 上 **Riemann 可積分**であるとは Ω を
覆う有限個の矩形の族 $\mathcal{R}$ に対して

$$\overline{\lim_{|\Delta\mathcal{R}| \to 0}} \, \mathcal{U}_f(\mathcal{R}) \leq \underline{\lim_{|\Delta\mathcal{R}| \to 0}} \, \mathcal{L}_f(\mathcal{R})$$

が成り立つとき. $\mathcal{L}_f(\mathcal{R}) \leq \mathcal{U}_f(\mathcal{R})$ だから $|\Delta\mathcal{R}| \to 0$ によって両者は一致し

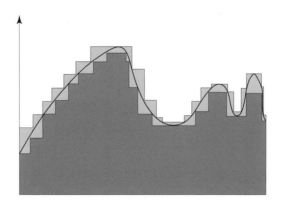

図 1.6　1 次元函数の Riemann 上和，Riemann 下和の図.

$$\int_\Omega f(x)dx \equiv \lim_{|\Delta\mathcal{R}|\to 0} \mathcal{U}_f(\mathcal{R}) = \lim_{|\Delta\mathcal{R}|\to 0} \mathcal{L}_f(\mathcal{R})$$

J.G. Darboux

と表す.

リーマン上和，下和に関して Ω 上の有限個の細分 $\mathcal{R}$ を動かしたときに次の Darboux (ダルブー)[*8] の定理が成立することが知られている.

定理 1.3 (Darboux)　$f \in B(\Omega)$ であるとする.

$$(1) \quad \inf_{\mathcal{R}} \mathcal{U}_f(\mathcal{R}) = \lim_{|\Delta\mathcal{R}|\to 0} \mathcal{U}_f(\mathcal{R}). \tag{1.1}$$

$$(2) \quad \sup_{\mathcal{R}} \mathcal{L}_f(\mathcal{R}) = \lim_{|\Delta\mathcal{R}|\to 0} \mathcal{L}_f(\mathcal{R}). \tag{1.2}$$

注意: 以下は上極限，下極限の定義から明白である.

$$(1') \quad \inf_{\mathcal{R}} \mathcal{U}_f(\mathcal{R}) \leq \varliminf_{|\Delta\mathcal{R}|\to 0} \mathcal{U}_f(\mathcal{R}), \tag{1.3}$$

$$(2') \quad \sup_{\mathcal{R}} \mathcal{L}_f(\mathcal{R}) \geq \varlimsup_{|\Delta\mathcal{R}|\to 0} \mathcal{L}_f(\mathcal{R}). \tag{1.4}$$

定理 1.3 の証明. 以下簡単のため (1) の $\Omega \subset \mathbb{R}$ (1 次元) の場合のみ証明する. 高次元の場合には特別の処理を必要とするので後述する.

• 〈Step 1〉極限 $\lim_{|\Delta\mathcal{R}|\to 0} \mathcal{U}_f(\mathcal{R})$ の存在.

いま Ω が矩形の族 $\mathcal{R}$ で表されているとして，その細分 $\mathcal{R}_1$ に対して (すなわち $\mathcal{R}_1 \trianglelefteq \mathcal{R}$)

$$\mathcal{U}_f(\mathcal{R}_1) \leq \mathcal{U}_f(\mathcal{R})$$

[*8]　Jean Gaston Darboux (1842–1917). フランスの数学者. 積分論，微分幾何学に業績がある.

が成り立つ. 実際任意の矩形 $R_l \in \mathcal{R}$ に対して, ($\mathcal{R}$ の細分である) $\mathcal{R}_1$ の部分集合 $\mathcal{R}_l$ が存在して $R_l = \bigcup_{R'_k \in \mathcal{R}_l} R'_k$ (ときには R'_k は R_l そのものに一致してひとつだけかも知れない).

特に $|R_l| = \sum_{R'_k \subset R_l} |R'_k|$. $R'_k \subset R_l$ から $\sup_{x \in R'_k} f(x) \leq \sup_{x \in R_l} f(x)$. 従って

$$\mathcal{U}_f(\mathcal{R}_l) \equiv \sum_{R'_k \subset \mathcal{R}_l} |R'_k| \sup_{x \subset R'_k} f(x) \leq \sum_{R'_k \subset \mathcal{R}_l} |R'_k| \cdot \sup_{x \in R_l} f(x)$$

$$= |R_l| \sup_{x \in R_l} f(x) \qquad \forall R_l \in \mathcal{R}.$$

ここで R_l について和をとれば (従って左辺は $\mathcal{R}_l$ について和をとって)

$$\mathcal{U}_f(\mathcal{R}_1) \leq \mathcal{U}_f(\mathcal{R}).$$

これは $\mathcal{U}_f(\mathcal{R})$ が $|\Delta\mathcal{R}| \to 0$ で単調減少であり下に有界 (一般に $|\Omega| \inf_{x \in \Omega} f(x)$ がその下限) であることを示している. 命題 1.2 (1) より極限値 $\lim_{|\Delta\mathcal{R}| \to 0} \mathcal{U}_f(\mathcal{R})$ を持つ. 特に

$$\varliminf_{|\Delta\mathcal{R}| \to 0} \mathcal{U}_f(\mathcal{R}) = \varlimsup_{|\Delta\mathcal{R}| \to 0} \mathcal{U}_f(\mathcal{R})$$

となる.

•〈Step 2〉次に $\forall \varepsilon > 0$ に対して, Ω の細分 $\mathcal{R}_0$ を

$$\left(\inf_{\mathcal{R}} \mathcal{U}_f(\mathcal{R}) < \right) \quad \mathcal{U}_f(\mathcal{R}_0) < \inf_{\mathcal{R}} \mathcal{U}_f(\mathcal{R}) + \varepsilon \qquad (1.5)$$

であるとして固定し, その分割の個数 $\#\mathcal{R}_0 = N$ とする. 下限 $\inf$ の定義からこのような細分 $\mathcal{R}_0$ が存在することに注意する. なお細分であるので $|\mathcal{R}_0| = |\Omega|$ である.

いま Ω の任意の細分 $\mathcal{R}_n$ で

$$|\Delta\mathcal{R}_n| \leq \min\left(\frac{\varepsilon}{2MN}, \inf_{R_0 \in \mathcal{R}_0} |R_0| \right) \qquad (M = \sup |f(x)|)$$

となるもの[*9]に対して $\mathcal{R}_m \equiv \mathcal{R}_0 \vee \mathcal{R}_n$ とおく. すなわち $\mathcal{R}_m$ は $\mathcal{R}_0$ と $\mathcal{R}_n$ の共通細分 ($\mathcal{R}_m \trianglelefteq \mathcal{R}_0$ かつ $\mathcal{R}_m \trianglelefteq \mathcal{R}_n$ であるものの内, 最小の (もっとも分割の少ない) もの). $\mathcal{U}_f(\mathcal{R})$ の単調減少性から

$$\mathcal{U}_f(\mathcal{R}_m) = \mathcal{U}_f(\mathcal{R}_0 \vee \mathcal{R}_n) \leq \mathcal{U}_f(\mathcal{R}_n)$$

である.

さて任意の $R \in \mathcal{R}_n$ に対して細分 $\mathcal{R}_m = \mathcal{R}_0 \vee \mathcal{R}_n$ の部分集合 $\mathcal{R}_l$ があって (細分の定義から) $R = \cup_{R' \in \mathcal{R}_l} R'$ と表せる. 従って R 上で

[*9]　細分の個数があらわに現れていることに注意せよ.

$$\sum_{R' \in \mathcal{R}_l} \sup_{x \in R'} f(x)|R'| \leq \sup_{x \in R} f(x)|R|.$$

ここで $R' \subset R$ なのでそれぞれの矩形上での上限 sup は R' 上での方が小さいことを用いた．上の式の両辺の差は $f \in B(\Omega)$ に注意して

$$0 \leq \sup_{x \in R} f(x)|R| - \sum_{R' \in \mathcal{R}_l} \sup_{x \in R'} f(x)|R'|$$

$$= \sum_{R' \in \mathcal{R}_l} (\sup_{x \in R} f(x) - \sup_{x \in R'} f(x))|R'| \quad (|R| = \sum_{R' \in \mathcal{R}_l} |R'| \text{ だから})$$

$$\leq \sum_{R' \in \mathcal{R}_l} |R'|(M + M) \leq 2M|R| \leq 2M|\Delta\mathcal{R}_n| \tag{1.6}$$

と評価できる．ここで $M = \sup |f(x)|$ ($f \in B(\Omega)$ であった)．ここで $R \in \mathcal{R}_n$ について和をとるのだが，最上式右辺の差は $R \in \mathcal{R}_1$ が $\mathcal{R}_0$ の矩形 (区間) の端点による分割を含まなければ 0 となる．($\sup_{x \in R'} f(x) = \sup_{x \in R} f(x)$ だから)．従って実際に和をとる総数は，はじめの $\mathcal{R}_0$ の矩形 (区間) 分点を R の内部に含む場合だけであって，それは各 R に高々一つの分点しか含まないとすれば (それは $|\Delta\mathcal{R}_n| < \inf_{R_0 \in \mathcal{R}_0} |R_0|$ であればよい)，総数は高々 $\#\mathcal{R}_0 = N$ である．

有理点で 1

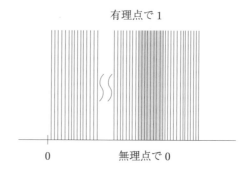

0　　　　　　　　　無理点で 0

図 1.7　Riemann 和に差が発生する場合．

他方 $|\Delta\mathcal{R}_n| < \frac{\varepsilon}{2MN}$ であったから，(1.6) 式の両辺を $R \in \mathcal{R}_n$ について和をとって，

$$0 \leq \mathcal{U}_f(\mathcal{R}_n) - \mathcal{U}_f(\mathcal{R}_m) \qquad (\mathcal{R}_n \trianglerighteq \mathcal{R}_m \text{だから})$$

$$= \sum_{R \in \mathcal{R}_n} \sup_{x \in R} f(x)|R| - \sum_{\cup R' \in \mathcal{R}_n} \sum_{R' \in \mathcal{R}_l} \sup_{x \in R'} f(x)|R'|$$

$$\qquad (\mathcal{R}_n \text{上で和をとった})$$

$$= \sum_{R \in \mathcal{R}_0 \text{の分点を含む}} \left(\sup_{x \in R} f(x)|R| - \sum_{R' \in \mathcal{R}_l} \sup_{x \in R'} f(x)|R'| \right)$$

$$\leq \sum_{R \in \mathcal{R}_0 \text{の分点を含む}} \left(M|R| + \sum_{R' \in \mathcal{R}_l} M|R'| \right)$$

$$\leq 2M \cdot \frac{\varepsilon}{2MN} \cdot N = \varepsilon$$
$$(R \in \mathcal{R}_0 \text{ の分点を含む総数は } N \text{ だから}).$$

すなわち

$$0 \leq \mathcal{U}_f(\mathcal{R}_n) - \mathcal{U}_f(\mathcal{R}_m) < \varepsilon. \tag{1.7}$$

さらに

$$\mathcal{U}_f(\mathcal{R}_m) - \mathcal{U}_f(\mathcal{R}_0) \leq 0 \quad (\mathcal{R}_m \text{は} \mathcal{R}_0 \text{の細分だから } \langle \text{Step 1} \rangle \text{ により}) \tag{1.8}$$

と (1.5) を順に用いて

$$0 \leq \mathcal{U}_f(\mathcal{R}_n) - \inf_{\mathcal{R}} \mathcal{U}_f(\mathcal{R})$$
$$\leq \underbrace{\mathcal{U}_f(\mathcal{R}_n) - \mathcal{U}_f(\mathcal{R}_m)}_{((1.7) \text{ を用いる})} + \underbrace{\mathcal{U}_f(\mathcal{R}_m) - \mathcal{U}_f(\mathcal{R}_0)}_{((1.8) \text{ を用いる})} + \underbrace{\mathcal{U}_f(\mathcal{R}_0) - \inf_{\mathcal{R}} \mathcal{U}_f(\mathcal{R})}_{((1.5) \text{ を用いる})}$$
$$\leq \varepsilon + 0 + \varepsilon = 2\varepsilon.$$

これは $|\Delta \mathcal{R}_n| < \delta = 2\varepsilon MN$ であれば

$$\left| \mathcal{U}_f(\mathcal{R}_n) - \inf_{\mathcal{R}} \mathcal{U}_f(\mathcal{R}) \right| < 2\varepsilon$$

であることを示している. 従って (1) の (1.1) を得る.

(2) も同様の方法によって示される. □

問題 3. (2) を同様の方法により証明せよ.

問題 4. 高次元の場合を考えてみよ.

定理 1.3 の証明 (一般次元 $\mathbb{R}^n$ の場合の証明).
- 極限の存在は 1 次元の場合と同一.
- $\forall \varepsilon > 0$ に対して Ω の分割 $\mathcal{R}_0$ で

$$\inf_{\mathcal{R}} \mathcal{U}_f(\mathcal{R}) < \mathcal{U}_f(\mathcal{R}_0) < \inf_{\mathcal{R}} \mathcal{U}_f(\mathcal{R}) + \varepsilon \tag{1.5'}$$

となるものを一つ固定する (細分だから $|\mathcal{R}_0| = |\Omega|$ である) $\#\mathcal{R}_0 = N$ とおく.

次に, あとで定める $\delta > 0$ に対して任意の分割 $\mathcal{R}_n$ で

$$\underline{|\Delta \mathcal{R}_n| \leq \min \left(\frac{\varepsilon}{2\,nMN}, \delta \right)} \qquad (M = \sup |f(x)|)$$

となるものに対して $\mathcal{R}_m \equiv \mathcal{R}_0 \vee \mathcal{R}_n$ とおく. ここで $\mathcal{R}_m$ は $\mathcal{R}_0$ と $\mathcal{R}_n$ の共通細分: $(\mathcal{R}_m \trianglelefteq \mathcal{R}_0$ かつ $\mathcal{R}_m \trianglelefteq \mathcal{R}_n$ であるものの内, もっとも分割の少ないもの.)

この共通細分 $\mathcal{R}_m$ に含まれる矩形全体を，二つの部分集合に分類する．$\mathcal{R}_0$ の分割線 (面) の ε-近傍の全体：$R_0 = \otimes_{k=1}^n [c_k, d_k] \in \mathcal{R}_0$ に対して $R_1 = \otimes_{k=1}^n [a_k, b_k) \in \mathcal{R}_n$ としたとき，R_0 の端点の δ 近傍を

$$\mathcal{D}_\delta \equiv \bigcup_{1 \le i \le N} \Big\{ \mathcal{N}_k = [a_1, b_1) \times [a_2, b_2) \times \cdots \times [e_k - \delta, e_k + \delta) \times \cdots \times [a_n, b_n);$$

$$\{e_k\} \text{ は } \mathcal{R}_0 \text{ の矩形 } R_0 \text{ の分点 } c_k \text{ か } d_k \Big\}$$

とする．このとき δ を十分小さく選べば，$|\mathcal{D}_\varepsilon| = \varepsilon |\Omega|$ とできることに注意する．

$$\begin{cases} \mathcal{R}_n^1 \equiv \{R; R \in \mathcal{R}_n, R \cap \mathcal{D}_\varepsilon \ne \emptyset\} \\ \mathcal{R}_n^2 \equiv \mathcal{R}_n \setminus \mathcal{R}_n^1. \end{cases}$$

ここで $|\Delta \mathcal{R}_n^1| \le \delta$ に注意する．$\langle$Step 1$\rangle$ から矩形の細分関係 $\mathcal{R}_m \trianglelefteq \mathcal{R}_n$ により

$$\mathcal{U}_f(\mathcal{R}_m) \le \mathcal{U}_f(\mathcal{R}_n)$$

は直ちに従う．

他方，任意の $R \in \mathcal{R}_n$ に対して共通細分 $\mathcal{R}_m$ の部分集合 $\mathcal{R}_l$ があって $R = \cup_{R' \in \mathcal{R}_l} R'$ と表せる (細分の定義)．$f \in B(\Omega)$ に注意して $M = \sup_{x \in \Omega} |f(x)|$ とすると，$R' \subset R$ で領域が細かくなれば sup は小さくなるから，

$$0 \le \sup_{x \in R} f(x)|R| - \sum_{R' \in \mathcal{R}_l} \sup_{x \in R'} f(x)|R'|$$

$$= \sum_{R' \in \mathcal{R}_l} (\sup_{x \in R} f(x) - \sup_{x \in R'} f(x))|R'| \quad (|R| = \sum_{R' \in \mathcal{R}_{l'}} |R'| \text{ だから}) \tag{1.6'}$$

$$\le \sum_{R' \in \mathcal{R}_{l'}} |R'|(M + M) \le 2M|\Delta \mathcal{R}_m| \le 2M|\Delta \mathcal{R}_n|$$

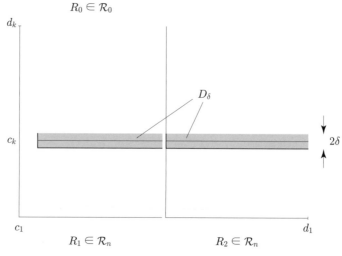

図 1.8 D_δ の図．

と評価できる.

いま両辺を $R \in \mathcal{R}_n$ について和をとるが上式左辺の差は $R \in \mathcal{R}_n^2$ のときには分割線を含まないので 0 となる. 従って和は $R \subset \mathcal{R}_n^1$ に対してとり $|\Delta \mathcal{R}_n| < \varepsilon/2MN$ であったから, $(1.6')$ 式の両辺を $R \in \mathcal{R}_n$ について和をとって,

$$
\begin{aligned}
0 \leq & \mathcal{U}_f(\mathcal{R}_n) - \mathcal{U}_f(\mathcal{R}_m) \\
= & \sum_{R \in \mathcal{R}_n} \sup_{x \in R} f(x)|R| - \sum_{\cup R' \in \mathcal{R}_n} \sum_{R' \in \mathcal{R}_l} \sup_{x \in R'} f(x)|R'| \\
& (\mathcal{R}_n \text{ 上で和をとった}) \\
= & \sum_{R \in \mathcal{R}_n^1} \sup_{x \in R} f(x)|R| - \sum_{\mathcal{R}_0 \subset \mathcal{R}_n^1} \sum_{R' \in \mathcal{R}_l} \sup_{x \in R'} f(x)|R'| \\
& (R \text{ 上に } \mathcal{R}_0 \text{ の分割線が無い矩形の部分は消えるので,} \\
& \quad \text{和が } R \in \mathcal{R}_n^1 \text{ に限定される}) \\
\leq & 2M \cdot \frac{\varepsilon}{2nMN} \cdot \#\mathcal{R}_n^1 = \frac{\varepsilon}{nN} \cdot nN = \varepsilon.
\end{aligned}
$$

すなわち

$$
0 \leq \mathcal{U}_f(\mathcal{R}_n) - \mathcal{U}_f(\mathcal{R}_m) < \varepsilon.
$$

これと (1.1) さらに $\mathcal{U}_f(\mathcal{R}_m) - \mathcal{U}_f(\mathcal{R}_0) \leq 0$ ($\mathcal{R}_m$ のほうが分割が細かいから) から

$$
\begin{aligned}
0 \leq & \mathcal{U}_f(\mathcal{R}_n) - \inf_{\mathcal{R}} \mathcal{U}_f(\mathcal{R}) \\
\leq & (\mathcal{U}_f(\mathcal{R}_n) - \mathcal{U}_f(\mathcal{R}_m)) + (\mathcal{U}_f(\mathcal{R}_m) - \mathcal{U}_f(\mathcal{R}_0)) + (\mathcal{U}_f(\mathcal{R}_0) - \inf_{\mathcal{R}} \mathcal{U}_f(\mathcal{R})) \\
\leq & 2\varepsilon.
\end{aligned}
$$

従って (1) の (1.1) を得る. $\qquad\qquad\square$

注意: Darboux の定理 (定理 1.3) において, 矩形領域の分割の総数が有限であることは証明に本質的に使われている (underline の部分). 有限性がないと矩形の最小体積が 0 になってしまい, 差の現れる分割の総数が無限大となって, 証明は破綻する.

問題 5. (2) の証明を完結せよ.

Darboux の定理 (定理 1.3) から $f \in B(\Omega)$ であれば Riemann 積分可能の条件は以下で置き換わる[*10].

[*10] このことを Darboux 積分と呼ぶ.

> **系 1.4** 矩形領域 Ω で定義された函数 f が
>
> $$\inf_{\mathcal{R}} \mathcal{U}_f(\mathcal{R}) \leq \sup_{\mathcal{R}} \mathcal{L}_f(\mathcal{R}) \tag{1.9}$$
>
> を満たすとき，f は Ω 上で Riemann 可積分である.

　系 1.4 の条件 (1.9) は Riemann 可積分性の必要十分条件を与えているが，これを定義に採用すると様々な Riemann 積分の可能性を論じるときに有利となる. このため，条件 (1.9) を Riemann 積分可能性の定義として採用することもある. この際，重要なことは，Darboux の定理を経由する限り，矩形の分割の仕方は有限個でなければならないということである. 実際，上の定義にしても

$$\lim_{|\Delta\mathcal{R}|\to 0} \mathcal{U}_f(\mathcal{R}), \quad \lim_{|\Delta\mathcal{R}|\to 0} \mathcal{L}_f(\mathcal{R})$$

などが意味を持たねばならないが，Darboux の定理がそれを保証しているのである.

<u>問題 6</u>. 任意の $\varepsilon > 0$ に対して $|\Delta\mathcal{R}| \to 0$ ととって，

$$0 \leq \mathcal{U}_f(\mathcal{R}) - \mathcal{L}_f(\mathcal{R}) < \varepsilon \tag{1.10}$$

とできるときは，f が Riemann 可積分であることの必要十分条件であることを示せ. すなわち系 1.4 の条件 (1.9):

$$\inf_{\mathcal{R}} \mathcal{U}_f(\mathcal{R}) \leq \sup_{\mathcal{R}} \mathcal{L}_f(\mathcal{R})$$

が Riemann 可積分性の必要十分条件であることを示せ.

必要性，すなわち f が Riemann 可積分であれば (1.10) が従うことは Darboux の定理 (定理 1.3) から明らか.
十分性，すなわち (1.10) を仮定する. 仮定から任意の $\varepsilon > 0$ に対してある $\mathcal{R}$ が存在して，

$$\mathcal{U}_f(\mathcal{R}) < \mathcal{L}_f(\mathcal{R}) + \varepsilon.$$

特に

$$\inf_{\mathcal{R}} \mathcal{U}_f(\mathcal{R}) < \mathcal{L}_f(\mathcal{R}) + \varepsilon$$

が成り立つ. 左辺は矩形の族 $\mathcal{R}$ の選択によらない値なので $\mathcal{R}$ についての sup をとれば

$$\inf_{\mathcal{R}} \mathcal{U}_f(\mathcal{R}) < \sup_{\mathcal{R}} \mathcal{L}_f(\mathcal{R}) + \varepsilon.$$

ε は任意に選べて，そのほかの値は既に $\mathcal{R}$ に依存していないので，

$$\inf_{\mathcal{R}} \mathcal{U}_f(\mathcal{R}) \leq \sup_{\mathcal{R}} \mathcal{L}_f(\mathcal{R})$$

を得る. Darboux の定理 (定理 1.3) より f は Riemann 可積分.

ある函数が Riemann 可積分かどうかを判定する十分条件の一つが次の定理である．

> **定理 1.5**　有界矩形領域 Ω の閉包 $\bar{\Omega}$ 上の連続函数 $f \in C(\bar{\Omega})$ は Riemann 可積分である．

H.E. Heine

　定理 1.5 の証明．　証明には Heine[*11]-Borel (ハイネ・ボレル) の被覆定理が用いられて，連続函数が実は一様連続函数であることが証明のためのキーポイントとなる (問題 1 を参照)．これを認めて，すなわち有界閉集合上の連続函数は一様連続であるとする．すなわち任意の $\varepsilon > 0$ に対してある $\delta > 0$ があって $\forall x \in B_\delta(x_0)$ に対して

$$|f(x) - f(x_0)| < \varepsilon \quad x_0 \in \Omega$$

が成り立つこと．δ が x_0 に依存しないことが重要である．いま，$\varepsilon > 0$ を任意にとって，上記の δ を固定する．そうすると Ω の細分 $\mathcal{R}$ で $diam\,(\mathcal{R}) < 2\delta$ となるものに対しては f の一様連続性から

$$|f(x) - f(y)| < \varepsilon \qquad x, y \in R \in \mathcal{R}.$$

特に

$$\sup f(x) - \inf f(x) < \varepsilon$$

だから

$$0 \leq \mathcal{U}_f(\mathcal{R}) - \mathcal{L}_f(\mathcal{R}) = \sum_{R \in \mathcal{R}} (\sup f(x) - \inf f(x)) |R| \leq \varepsilon |\Omega|.$$

すなわち f は Riemann 可積分．　　　　　　　　　　　　　　　　　　$\square$

<u>問題 7</u>．$\mathbb{R}^n$ 内の連続曲線 $C = \{x = \gamma(t) \in \mathbb{R}^n; t \in [0,1]\}$ に対して J を $[0,1]$ 内の有限個の分点を表す添え字とする．$\gamma(t) = \big(\gamma_1(t), \gamma_2(t), \cdots, \gamma_n(t)\big)$ として

$$\ell(C) = \sup_J \Big\{ \sum_{j \in J} \Big(\sum_{k=1}^{n} (\gamma_k(t_{j+1}) - \gamma_k(t_j))^2 \Big)^{1/2} \Big\}$$

とおく．$\gamma \in C^1([0,1]; \mathbb{R}^n)$ ならば

$$\ell(C) = \int_0^1 \Big(\sum_{k=1}^{n} (\gamma_k'(t))^2 \Big)^{1/2} dt$$

となることを Riemann 積分の定義と Darboux の定理から示せ．

[*11)]　H. Eduard Heine (1821–1881). 始めボン大学でそしてハレ大学で教鞭を執った．ガウス賞受賞．Heine-Borel の定理は始め Dirichlet によって述べられ，Heine らの研究の後に，Borel によって可算被覆に対して示された．

Riemann 上和は矩形 $R_j = [t_j, t_{j+1}), 0 \leq t_j < t_{j+!} < 1, j \in J$ とおいたときその矩形族 $\mathcal{R} = \{R_j\}$ に対して

$$\mathcal{U}_\ell(\mathcal{R}) \equiv \sum_{j \in J} \sup_{s_j, s_{j+1} \in R_j} \left(\sum_{k=1}^{n} \left(\frac{\gamma_k(s_{j+1}) - \gamma_k(s_j)}{s_{j+1} - s_j} \right)^2 \right)^{1/2} |R_j|.$$

同様にして Riemann 下和も

$$\mathcal{L}_\ell(\mathcal{R}) \equiv \sum_{j \in J} \inf_{s_j, s_{j+1} \in R_j} \left(\sum_{k=1}^{n} \left(\frac{\gamma_k(s_{j+1}) - \gamma_k(s_j)}{s_{j+1} - s_j} \right)^2 \right)^{1/2} |R_j|.$$

Darboux の定理より

$$\inf_{\mathcal{R}} \mathcal{U}_\ell(\mathcal{R}) = \lim_{|\mathcal{R}| \to 0} \mathcal{U}_\ell(\mathcal{R}),$$

$$\sup_{\mathcal{R}} \mathcal{L}_\ell(\mathcal{R}) = \lim_{|\mathcal{R}| \to 0} \mathcal{L}_\ell(\mathcal{R}).$$

他方，$\gamma \in C^1([0,1]; \mathbb{R}^n)$ より $|R_j| = (t_{j+1} - t_j) \to 0$ で R_j 上

$$\left| \left(\sum_{k=1}^{n} \left(\frac{\gamma_k(t_{j+1}) - \gamma_k(t_j)}{t_{j+1} - t_j} \right)^2 \right)^{1/2} - \left(\sum_{k=1}^{n} (\gamma_k(t)')^2 \right)^{1/2} \right| < \varepsilon$$

とできる．特にこの収束は $[0,1]$ がコンパクト集合ゆえ $\gamma \in C^1$ から $[0,1]$ 上で一様となる．よって

$$\lim_{|\mathcal{R}| \to 0} \mathcal{U}_\ell(\mathcal{R}) \leq \lim_{\max |R_j| \to 0} \sum_{j \in J} \sup_{t \in R_j} \left(\sum_{k=1}^{n} \left(\gamma_k(t)' \right)^2 \right)^{1/2} |R_j| + \varepsilon \sum_j |R_j|$$

$$\leq \lim_{\max |R_j| \to 0} \sum_{j \in J} \left(\sum_{k=1}^{n} \left(\gamma_k(t)' \right)^2 \right)^{1/2} |R_j| + 2\varepsilon$$

$$\leq \lim_{\max |R_j| \to 0} \sum_{j \in J} \inf_{t \in R_j} \left(\sum_{k=1}^{n} \left(\gamma_k(t)' \right)^2 \right)^{1/2} |R_j| + 3\varepsilon$$

$$\leq \lim_{\max |R_j| \to 0} \mathcal{L}_\ell(\mathcal{R}) + 4\varepsilon.$$

特に

$$\mathcal{L}_\ell(\mathcal{R}) \leq \ell(C) \leq \mathcal{U}_\ell(\mathcal{R})$$

だから系 1.4 より

$$\ell(C) = \lim_{|\mathcal{R}| \to 0} \mathcal{U}_\ell(\mathcal{R})) = \lim_{|\mathcal{R}| \to 0} \mathcal{L}_\ell(\mathcal{R}) = \int_0^t \left(\sum_k (\gamma_k'(t))^2 \right)^{1/2} dt$$

を得る．

連続な函数でなくとも Riemann 可積分な例はある．

<u>例:</u> $f(x)$ が区間 $[a, b]$ で

$$f(x) = \begin{cases} 1 & (a \leq x < c), \\ 0 & (c \leq x \leq b) \end{cases}$$

とすると $f(x)$ はこの区間 $[a, b]$ で Riemann 可積分である．

例: また $f(x) = \begin{cases} 1, & x \in [0,1] \cap \mathbb{Q}(\text{有理数}) \\ 0, & [0,1] \text{ 上の無理数} \end{cases}$ で定義される函数 (Dirichlet の函数) は Riemann 可積分ではない. 実際 Riemann 上和と下和を計算してみると区間 $[0,1]$ に対する有限分割に対しても

$$\mathcal{U}_f([0,1]) = \sum_{\mathcal{R}} \sup f(x)|R| = \sum_{\mathcal{R}} |R| = 1,$$

$$\mathcal{L}_f([0,1]) = \sum_{\mathcal{R}} \inf f(x)|R| = 0 \times \sum_{\mathcal{R}} |R| = 0$$

となって両者は一致しない. この例は函数 f が $B(\Omega)$ に属していても Riemann 可積分とは限らないことを示している.

命題 1.6 有限区間 $[a,b]$ 上の単調函数 (単調減少かあるいは単調増加) は Riemann 可積分である.

問題 8. $f(x)$ が区間 $[a,b]$ で (有界で) 単調函数ならば Riemann 可積分であることを証明せよ.

(証明) $f(x)$ が有界で区間 $[a,b]$ 上で単調増大であるとする. $\mathcal{R}$ を $[a,b]$ の細分とする ($\bigcup_{R \in \mathcal{R}} R \cup \{b\} = [a,b]$). このとき $R \in \mathcal{R}$ を $R = [a_i, a_{i+1})$ とおくと

$$0 \le \mathcal{U}_f(\mathcal{R}) - \mathcal{L}_f(\mathcal{R})$$
$$= \sum_{R \in \mathcal{R}} \sup_R f(x)|R| - \sum_{R \in \mathcal{R}} \inf_R f(x)|R|$$
$$(f(x) \text{ の単調増大性から})$$
$$\le \sum_{[a_i, a_{i+1})} f(a_{i+1})|a_{i+1} - a_i| - \sum_{[a_i, a_{i+1})} f(a_i)|a_{i+1} - a_i|$$
$$= \sum_{[a_i, a_{i+1})} (f(a_{i+1}) - f(a_i)) \cdot |a_{i+1} - a_i|$$
$$\le |\Delta\mathcal{R}| \sum_{[a_i, a_{i+1})} (f(a_{i+1}) - f(a_i))$$
$$= |\Delta\mathcal{R}|(f(b) - f(a)) \to 0 \qquad |\Delta\mathcal{R}| \to 0.$$

$\square$

命題 1.6 の系として, 有限個の有界単調函数の和で表される函数は Riemann 可積分である. また, 後に明らかになるが, 単調函数の和で表せる函数は, $\mathbb{R}$ 上の絶対連続函数と呼ばれ, 必ず積分で表せることがわかる.

定義. 区間 I 上で定義された函数列 $\{f_n(x)\}_{n=1}^{\infty}$ がある函数 f に I 上一様収束するとは, 任意の $\varepsilon > 0$ に対してある番号 N があって, すべての $n \ge N$ に対して

$$|f_n(x) - f(x)| < \varepsilon$$

がすべての $x \in I$ に対して成り立つこと. 肝心なことは ε に対して選ぶ N が x に依存せずにとれるということ.

定理 1.7 Ω を有界矩形領域としてその上の Riemann 可積分な函数列 $\{f_n(x)\}_{n=1}^{\infty}$ がある函数 f に一様収束するものとする. このとき極限と積分の順序は交換可能で,

$$\lim_{n \to \infty} \int_{\Omega} f_n(x)dx = \int_{\Omega} f(x)dx$$

が成り立つ.

注意: 領域 Ω は矩形領域に制限されているが $\mathbb{R}^n$ の開集合上で一様収束すれば同様な定理が成り立つことは Riemann 積分の定義から従う.

定理 1.7 の証明. 仮定から任意の $\varepsilon > 0$ に対して, ある $n_0 \in \mathbb{N}$ が存在して任意の $x \in \Omega$ に対して

$$|f_n(x) - f(x)| < \varepsilon \tag{1.11}$$

とできる. また f_n は Riemann 可積分であるから, Darboux の定理 (定理 1.3・系 1.4) から, 同じ $\varepsilon > 0$ に対して n を必要があれば n_0 よりずっと大きく選べば Ω のある細分 $\mathcal{R}$ が存在して

$$\mathcal{U}_{f_n}(\mathcal{R}) \le \mathcal{L}_{f_n}(\mathcal{R}) + \varepsilon$$

とできる. 特に

$$\mathcal{U}_{f_n}(\mathcal{R}) = \sum_{R_l \in \mathcal{R}} \sup_{x \in R_l} f_n(x)|R_l|,$$

$$\mathcal{L}_{f_n}(\mathcal{R}) = \sum_{R_l \in \mathcal{R}} \inf_{x \in R_l} f_n(x)|R_l|$$

だったから

$$\sum_{R_l \in \mathcal{R}} \sup_{x \in R_l} f_n(x)|R_l| \le \sum_{R_l \in \mathcal{R}} \inf_{x \in R_l} f_n(x)|R_l| + \varepsilon$$

である. (1.11) に注意すれば

$$\sum_{R_l \in \mathcal{R}} \sup_{x \in R_l} f(x)|R_l| - \varepsilon|\Omega| \le \sum_{R_l \in \mathcal{R}} \inf_{x \in R_l} f(x)|R_l| + \varepsilon|\Omega| + \varepsilon.$$

すなわち

$$\mathcal{U}_f(\mathcal{R}) \le \mathcal{L}_f(\mathcal{R}) + \varepsilon(1 + 2|\Omega|)$$

が成り立つ. 従って極限函数 f は Ω 上で可積分であって, 同じ $\varepsilon > 0$ に対して f_n と f に対する共通細分 $\mathcal{R}$ を細かく選ぶことで,

$$\left| \int_\Omega f_n(x)dx - \sum_{R_l \in \mathcal{R}} f_n(x)|_{x \in R_1} |R_l| \right| < \varepsilon,$$

$$\left| \int_\Omega f(x)dx - \sum_{R_1 \in \mathcal{R}} f(x)|_{x \in R_1} |R_l| \right| < \varepsilon$$

かつ (1.11) から n を十分大きく選べば

$$\left| \int_\Omega f_n(x)dx - \int_\Omega f(x)dx \right|$$

$$\leq \left| \sum_{R_l \in \mathcal{R}} f_n(x)|_{x \in R_1} |R_l| - \sum_{R_l \in \mathcal{R}} f_n(x)|_{x \in R_1} |R_l| \right| + 2\varepsilon$$

$$\leq \sum_{x \in \mathcal{R}} |f_n(x) - f(x)| |R| + 2\varepsilon$$

$$\leq \varepsilon |\Omega| + 2\varepsilon$$

より

$$\lim_{n \to \infty} \int_\Omega f_n(x)dx = \int_\Omega f(x)dx$$

を得る. □

　定理 1.7 の仮定である函数列 f_n の一様収束はいかにも制約が強い. 例えば $f_n(x) = x^n$ を区間 $I = [0, 1]$ 上で考える.

$$f_n(x) \to f(x) = \begin{cases} 1, & x = 1, \\ 0, & 0 \leq x < 1 \end{cases}$$

であるが

$$\int_0^1 f_n(x)dx = \int_0^1 x^n dx = \left[\frac{x^{n+1}}{n+1} \right]_0^1 = \frac{1}{n+1}.$$

従って

$$\lim_{n \to \infty} \int_0^1 f_n(x)dx = 0$$

であり, $\int_0^1 f(x)dx = 0$ であるから, これも交換可能となっている例ではあるが, 定理 1.7 の仮定である $f_n \to f$ が一様収束は満たしていない.

1.3　Jordan 測度

　Riemann による積分の定義は矩形の合併によって表される領域におけるものであったがそれから曲線などに囲まれた領域の面積を計算することが可能となりひいては矩形領域でないような領域に対する面積 (測度) の概念

M.E.C. Jordan

を与えることとなる. Jordan (ジョルダン)[*12] による (1892 年) 測度 (Jordan 測度あるいは Jordan-Peano 測度) を定義する[*13].

<u>定義</u>. Ω を $\mathbb{R}^n$ の有界領域とする.

 (1) Ω を覆う有限矩形の族 $\mathcal{R}$ に対して

$$m^*(\Omega) = \inf \Big\{ \sum_{R_l \in \mathcal{R}} |R_l|; \ \Omega \subset \bigcup_{\mathcal{R}} R_l \Big\}$$

 を Ω の **Jordan 外測度**といい

 (2) Ω に含まれる有限矩形の族 $\mathcal{R}$ に対して

$$m_*(\Omega) = \sup \Big\{ \sum_{R_l \in \mathcal{R}} |R_l|; \ \bigcup_{\mathcal{R}} R_l \subset \Omega \Big\}$$

 を Ω の **Jordan 内測度**という. $m_*(\Omega) \leq m^*(\Omega)$ である.

 (3) Ω に対して $m_*(\Omega) = m^*(\Omega)$ となるとき Ω は **Jordan 可測**であるといい

$$m(\Omega) = m^*(\Omega) = m_*(\Omega)$$

 と表してこれを Ω の **Jordan 測度**と呼ぶ.

注意: Jordan 測度の定義で注意しておかなければならないのは測る領域を覆ったり覆われたりする矩形の族が <u>有限個の矩形</u>であるということである.

 Jordan 測度は，矩形の合併でないような領域の面積や体積を Riemann 積分によって与えることに相当する. 実際，領域 Ω の特性函数を

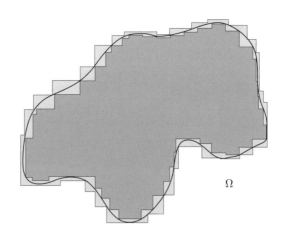

図 1.9　Jordan 測度による領域 Ω の測度.

[*12] Marie E. Camille Jordan (1838–1922). フランス，Jordan 標準形，Jordan 曲線などで知られる.

[*13] Giuseppe Peano (1858–1932). イタリアの数学者. peano の公理，Peano 曲線で知られる.

$$\chi_\Omega(x) \equiv \begin{cases} 1, & x \in \Omega, \\ 0, & x \in \Omega \text{ 以外の点} \end{cases}$$

で与えると，Jordan 外測度 $m^*(\Omega)$ はもし Ω がそれを覆う矩形の族 $\mathcal{R}$ によって

$$m^*(\Omega) = \mathcal{U}_{\chi_\Omega}(\mathcal{R}) \geq \int_{\mathcal{R}} \chi_\Omega(x)dx$$

となるし $\mathcal{R}$ が Ω に覆われる矩形の族なら

$$m_*(\Omega) = \mathcal{L}_{\chi_\Omega}(\mathcal{R}) \leq \int_{\mathcal{R}} \chi_\Omega(x)dx$$

である．従って Ω が Jordan 可測なら

$$m(\Omega) = \int_{\mathbb{R}^n} \chi_\Omega(x)dx$$

と表される．

- Cantor (カントール)[*14] の 3 進集合は以下で定義される．

  (1) $I_0 = [0,1]$ の内 $J_1 = [1/3, 2/3)$ をくり抜く．残りは $I_1 = [0,1/3) \cup [2/3,1]$ である．

  (2) I_1 の内 $J_2 = [1/3^2, 2/3^2) \cup [7/3^2, 8/3^2)$ をくり抜く．残りは $I_2 = [0,1/3^2) \cup [2/3^2, 1/3) \cup [6/3^2, 7/3^2) \cup [8/3^2, 1]$ である．

  (3) 以下各連結成分からその 3 等分した区間の中央の開区間のみを取り除く操作を行う．

  (4) 以上の操作によりつくられる集合 $C = \lim_{k \to \infty} I_k$ を Cantor の 3 進集合と呼ぶ．

G.F.L.P. Cantor

問題 9. Cantor 集合 C が Jordan 可則であることを示せ．

○ C は Jordan 可則集合である．実際 $m_*(C)$ は中に含まれる矩形 (右半開区間) が一つもとれないので $m_*(C) = 0$. 反対に各 k について上記の I_k は C を含む**有限個の矩形の合併**であるから $m^*(C) \leq |I_k|$. であり $k \to \infty$ より $m^*(C) = |I_0 - \cup_k I_k|$ ところが $|I_1| = 1/3$, $|I_2| = 1/3^2 \times 2$ $|I_3| = 1/3^3 \times 2^2$. 一般に $|I_k| = 1/3 \times (2/3)^{k-1}$ である．従って

$$\begin{aligned} m^*(C) &= |I_0| - \sum_{k=1}^{\infty} |I_k| \\ &= 1 - \sum_{k=1}^{\infty} \frac{1}{3} \times \left(\frac{2}{3}\right)^{k-1} = 1 - 1 = 0. \end{aligned}$$

[*14] Georg F. Cantor (1845–1918). ロシアで生まれたユダヤ系ドイツの数学者．現在のダルムシュタット工科大学を卒業．集合論の基礎づけを行い，対角線論法を考えた．

よって $m_*(C) = m^*(C)$ となり C は Jordan 可則で C の Jordan 測度は $m(C) = 0$.

○ C は $[0,1]$ と同型である．すなわち C は連続濃度．実際，C の任意の数は 3 進法で 0 と 2 を用いて表される (1 が出てくるところは取り除かれている，端点は 0 または 2 の無限表記で表せる)．このとき 2 を 1 に対応させる写像で $[0,1]$ 区間の任意の実数の 2 進表記に対応させることができる．

○ C は後に定義する Lebesgue 可測集合である．なぜならはじめの $I_0 = [0,1]$ は連結した閉区間ゆえ 1 次元で可測．C はそれから可算個の可測区間を取り除いたものである．可測集合全体 $\mathcal{M}$ が σ 集合体であるから C も可測．

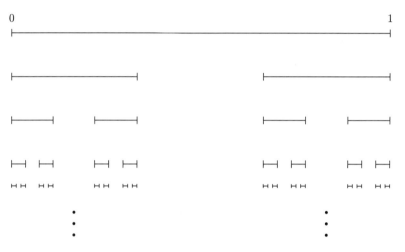

図 1.10 Cantor 集合.

Cantor 集合はいわゆるフラクタル集合の一種であり，可算回の操作により，そのどこの一部を見ても縮小あるいは拡大により相似な図形を再現する．このような構造の幾何学的対称を自己相似図形あるいは**自己相似構造** (self-similar structure) と呼ぶ．Cantor 集合の元を考案したのは，H. Smith (スミス) であった．Cantor らの拡張を含めてこれらは，のちに Smith-Voltela-Cantor 集合と呼ばれることとなる．Smith が構成したのは，単位区間 $[0,1]$ から中間の長さ $\frac{1}{4}$ の開区間 $(3/8, 5/8)$ をくりぬき，残った各部分閉区間 $[0,3/8] \cup [5/8,1]$ から再びそれぞれの中央の長さ $1/4^2$ の部分をくり抜いて (2 カ所なので合計で $1/8$ の長さをくりぬく)，さらに残された 4 つの区間からその中央の長さ $1/4^3$ の部分をくりぬき (全体では長さ $1/16$ の長さ)．．．．この操作を加算回繰り返した結果，構成される集合であった．この場合はくりぬくの部分の長さが

$$\frac{1}{4} + 2 \cdot \frac{1}{4 \cdot 4} + 4 \cdot \frac{1}{4 \cdot 4^2} + \cdots = \sum_{k=0}^{\infty} \frac{2^k}{2^{2k+2}} = \frac{1}{2}$$

を得るため，残された集合 S は正の長さを持つ集合となり，S は内点を持たず，加算開集合の合併の補集合であるから加算閉集合の共通部分となり，閉集合となる．さらに S は区間 $[0,1]$ 上至るところ内点を持たず，$[0,1]$ 上の疎集合 (nowhere dense set) となる．後述のようにこの集合は Jordan 可測とはならない (外測度 1/2 で内測度が 0 だから)．

1.4 広義積分

Riemann 積分の復習の最後に広義積分には是非とも触れておかねばならない．Darboux の定理で見たとおり，積分領域の分割は有限でないと困るわけであったが，積分領域 (1 次元 $\mathbb{R}$ の場合の積分区間 (a,b)) は本当に有限領域でなければならないであろうか?

一例を考える．実軸 $\mathbb{R}$ 全体で定義される次の積分を考える:

$$f(x) = \frac{\sin x}{x}.$$

この函数は $x = 0$ で直接定義できないので，その左右極限が 1 に一致することから $x = 0$ で $f(0) = 1$ と定義し直すことにより有界で連続な函数となる．この積分の $\mathbb{R}$ 上での積分を考える．$f(x)$ は偶函数であるから $\mathbb{R}_+ = [0,\infty)$ 上で考えればよいであろう．しかし Darboux の定理から分割を有限個に制限して $\mathbb{R}$ を分割すると必ず少なくとも一つの矩形 (この場合区間) が無限の長さを持つことになり，Riemann 上和も Riemann 下和も一般に発散して定義できない．これを避けるためにははじめから $\mathbb{R}$ 全体を無限個 (加算個) に分割する必要が生じる．仮にごく粗く，各整数点の π 倍で分割することにすると $\mathbb{R} = \cup_{n \in \mathbb{N}} I_n$, $I_n = [n\pi, (n+1)\pi)$, 各リーマン和は

$$
\begin{aligned}
(\text{粗い上和}) &\equiv \sum_{n \in \mathbb{N}} \sup_{x \in I_n} \frac{\sin x}{x} |I_n| = \sum_n (-1)^n \frac{2}{\pi n} \pi, \\
(\text{粗い下和}) &\equiv \sum_{n \in \mathbb{N}} \inf_{x \in I_n} \frac{\sin x}{x} |I_n| = \sum_n (-1)^n \times 0 \times \pi,
\end{aligned}
\tag{1.12}
$$

各 I_n をさらに細分して各区分ごとに Riemann 和を計算するとことにより

$$
\begin{aligned}
\mathcal{U}_f(\mathbb{R}) &\equiv \lim_{|\Delta I_n| \to 0} \sum_{\Delta I_n} \sup_{x \in I_n/m} \frac{\sin x}{x} |\Delta I_n| = \sum_n \int_{n\pi}^{(n+1)\pi} f(x) dx, \\
\mathcal{L}_f(\mathbb{R}) &\equiv \lim_{|\Delta I_n| \to 0} \sum_{\Delta I_n} \inf_{x \in I_n/m} \frac{\sin x}{x} |\Delta I_n| = \sum_n \int_{n\pi}^{(n+1)\pi} f(x) dx,
\end{aligned}
\tag{1.13}
$$

のように有限区分ごとの積分を足し合わせて実現することが望ましい．ただしはじめから無限個数に分解しておいてそのおのおのをさらに有限分割して足し合わせると，その分割のやり方に応じて上和，下和の値が変動し分割に依存し

てしまい，それらを収束させるために分割の仕方を函数に依存させる必要が発生して実に都合が悪い．分割を函数に依存させた場合，函数同士の和の積分を実行したとき，函数それぞれの積分の和と一致しなくなる恐れがある．すなわち積分の線形性が破綻する可能性がある．そこで，積分の加法性である

$$\int_a^b f(x)dx + \int_b^c f(x)dx = \int_a^c f(x)dx$$

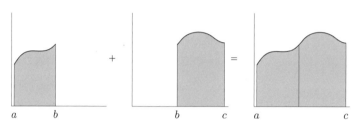

図 1.11 加法性の図.

が成立することを最優先して，有限区間で有限分割による Riemann 上和と下和の極限により有限区間の Riemann 積分を導出してから，区間をどんどん継ぎ足してその極限，いわば数列の極限に帰着させる方が簡潔にして，容易である．かくして広義積分 (improper integral) の概念が生まれる．

　解析学の発展の時期であった 18 世紀から 19 世紀にかけては，解析学はまさに '無限' の生ずる悪魔的所業との戦いの連続であった．数学者らはひとまず安全策をとって，それまでに得られた経験則との整合性を優先したのである．

<u>定義</u> (広義 Riemann 積分 1). $\mathbb{R}$ あるいは $\mathbb{R}$ 上の必ずしも有界とは限らない区間 $I \subset \mathbb{R}$ (例えば $I = (a, \infty), (-\infty, b)$ など．ここで $a, b \in \mathbb{R}$ をも含む) で定義された函数 $f(x)$ に対して

$$\lim_{R \to \infty} \int_{I \cap (-R, R)} f(x)dx$$

J.C.F. Gauss

が存在するとき，これを $f(x)$ の **広義 Riemann 積分** と呼び

$$\int_I f(x)dx$$

を記す．

<u>例:</u> Gauss 函数の広義積分: 正規分布を表す Gauss (ガウス)[15] 函数の $\mathbb{R}^n$ 上での積分を考える．

---

[15]　Johann Carl F. Gauss (1777–1855). ドイツの数学者，物理学者．18 世紀最大の数学者と言われる．多方面で業績を残した．Dedekind, Gudermann らを指導．ドイツの旧ドイツ 10 マルク札には肖像画と共に正規分布の式とグラフが刷り込まれている．

$$\int_{-\infty}^{\infty} e^{-x^2} dx = \lim_{R, R' \to \infty} \int_{-R'}^{R} e^{-x^2} dx$$

は収束して

$$\int_{-\infty}^{\infty} e^{-|x|^2} dx = \sqrt{\pi} \tag{1.14}$$

となる. 実際

$$
\begin{aligned}
\left(\int_{-R}^{R'} e^{-x^2} dx \right)^2 &= \int_{-R}^{R'} e^{-x_1^2} dx_1 \cdot \int_{-R}^{R'} e^{-x_2^2} dx_2 \\
&= \iint_{(-R,R') \times (-R,R')} e^{-(x_1^2 + x_2^2)} dx_1 dx_2 \\
&= I(R, R')
\end{aligned}
$$

とおくと, $I(R, R')$ は $R \le R'$ ならば $|x| = \sqrt{x_1^2 + x_2^2}$, $\tilde{R} = \sqrt{R^2 + R'^2}$ とおいて

$$\int_{B_R(0)} e^{-|x|^2} dx \le I(R, R') \le \int_{B_{\tilde{R}}(0)} e^{-|x|^2} dx \tag{1.15}$$

を満たす. $R' < R$ の場合は R と R' を入れ替えればよい. ところで 2 次元の極座標変換により $r^2 = s$ と変数変換を行えば

$$
\begin{aligned}
\int_{B_R(0)} e^{-|x|^2} dx &= 2\pi \int_0^R e^{-r^2} r dr = \pi \int_0^{R^2} e^{-s} ds \\
&= \pi \left[-e^{-s} \right]_0^{R^2} = \pi(1 - e^{-R^2})
\end{aligned}
$$

より (1.15) 式両辺は $R, R' \to \infty$ で π に収束する. 従って

$$\lim_{R, R' \to \infty} I(R, R') = \pi.$$

これから (1.14) が従う. 特に多重積分を用いると (1.14) から

$$
\begin{aligned}
\int_{\mathbb{R}^n} e^{-|x|^2} dx &= \underbrace{\int_{-\infty}^{\infty} \cdots \int_{-\infty}^{\infty}}_{n \text{ 個}} e^{-(x_1^2 + x_2^2 + \cdots x_n^2)} dx_1 \cdots dx_n \\
&= \prod_{k=1}^{n} \int_{-\infty}^{\infty} e^{-x_k^2} dx_k = (\sqrt{\pi})^n
\end{aligned}
$$

が従う.

広義 Riemann 積分は非有界区間のみで定義されるものでもない. 例えば

$$f(x) = \frac{1}{\sqrt{|x|}}$$

を区間 $(-1, 1)$ で考えたいとき $x = 0$ では $f(x)$ は定義されないので Riemann

積分

$$\int_{-1}^{1} \frac{1}{\sqrt{|x|}} dx$$

は直接定義から定めることはできない．そこで

$$\lim_{\varepsilon' \to +0} \int_{-1}^{-\varepsilon'} \frac{1}{\sqrt{|x|}} dx + \lim_{\varepsilon \to +0} \int_{\varepsilon}^{1} \frac{1}{\sqrt{|x|}} dx \tag{1.16}$$

がもし収束するならば (1.16) の極限値 4 を

$$\int_{-1}^{1} \frac{1}{\sqrt{|x|}} dx$$

と定義することは無理がなかろう．何よりも積分面積の加法性 (図 1.11) が保証されそうである．このようにして有界区間上での非有界函数に対する積分も広義積分により定義される．

<u>定義</u> (広義 Riemann 積分 2). 区間 I 上の端点以外で定義された函数 $f(x)$ に対して I_ε を端点の ε 近傍を排除した区間 (例えば $I = (a, b)$ に対して $I_\varepsilon = (a + \varepsilon, b - \varepsilon)$ として

$$\lim_{\varepsilon \to 0} \int_{I_\varepsilon} f(x) dx$$

が確定するとき $f(x)$ の I 上の**広義 Riemann 積分**と呼び

$$\int_I f(x) dx$$

と記す．

　両方の定義を組み合わせて得られる結果として典型的な例は Fourier 積分であろう．

$$\int_0^\infty \frac{\sin x}{x} dx = \lim_{\varepsilon \to 0, R \to \infty} \int_\varepsilon^R \frac{\sin x}{x} dx = \frac{\pi}{2}.$$

こうした計算は往々にして，計算結果だけ先に知られ理屈はあとからついてくる典型例であり，厳密な理解はさておき，計算だけはできると言った状況が生まれる．それはそれで歴史的発展に従って知識が伝達されていることで意味のあることかもしれない[*16)]．

<u>問題 10</u>. 函数 $\frac{1}{x} \sin \frac{1}{x}$ に対して同様の計算を試みよ．

　高次元の場合の特異積分も同様にして与えられるが，次元が上がるたびに自由度が上がり，高次元領域の極限の取り方に応じて積分が収束したりしなかったりする場合もある．もっとも簡潔なものは 1 次元的な領域の拡大を図る場合である．とりわけ n 次元ユークリッド空間全体では次のような球状の有界領域に制限して極限をとる方法が，極座標変換との相性が良いため多用される．

[*16)]　こうした広義積分をあらかじめ定義に取り込んでしまう積分が存在する (Henstock-Kurzweil 積分，Luzin の gauge 積分など).

$$\int_{\mathbb{R}^n} f(x)dx = \lim_{R \to \infty} \int_{B_R(0)} f(x)dx. \tag{1.17}$$

ここで $B_R(0)$ は原点を中心とした半径 $R > 0$ の n 次元球であり

$$B_R(0) = \{x \in \mathbb{R}^n; |x| < R\}$$

で定義される．これは次節の Cauchy の主値と関連が深い．

1.5　Cauchy の主値と複素積分との関係

特異積分で積分可能となる例であった $\frac{1}{\sqrt{|x|}}$ の $I \equiv (-1, 0) \cup (0, 1)$ 上での積分に対応して次の積分を考える．

$$\int_I \frac{1}{x} dx.$$

今度は $\frac{1}{\sqrt{|x|}}$ と異なり

$$\lim_{\varepsilon' \to 0-} \int_{-1}^{\varepsilon'} \frac{1}{x} dx + \lim_{\varepsilon' \to 0+} \int_{\varepsilon}^{1} \frac{1}{x} dx$$

は一般に極限値を持たない．ところが $\varepsilon = \varepsilon'$ という縛りを入れると，

$$\lim_{\varepsilon \to 0} \left(\int_{-1}^{-\varepsilon} \frac{1}{x} dx + \int_{\varepsilon}^{1} \frac{1}{x} dx \right) = \lim_{\varepsilon \to 0} (-\log \varepsilon + \log \varepsilon) = 0$$

となって値が定まる．このように特異積分の収束に条件をつけてその値を無理矢理確定できる場合を **Cauchy の主値** (principal value of Cauchy) と呼び

$$\text{p.v.} \int_{-1}^{1} \frac{1}{x} dx$$

と記す．原点のみならず $|x| \to \infty$ についても同様のことがいえるので

$$\text{p.v.} \int_{-\infty}^{\infty} \frac{1}{x} dx \equiv \lim_{\varepsilon \to 0, R \to \infty} \left(\int_{-R}^{-\varepsilon} \frac{1}{x} dx + \int_{\varepsilon}^{R} \frac{1}{x} dx \right)$$

と定義する．一般に単独で

$$\text{p.v.} \frac{1}{x}$$

と記したら 0 近傍あるいは無限遠近傍での積分を含むときに上記のような特殊な特異積分を実行するという意味に捉える[*17]．Cauchy の主値は特異積分の特殊な例であって，積分の区間加法性などとは微妙に相容れないものではあるのだが，具体的な計算で有益な場合が多く，その特殊性に反して重要性が高い．とりわけ，複素積分を用いて実積分を実行する上では重要な概念である．

[*17]　単独で表すときは超函数の意味で捉えることが多い．超函数の意味で捉えるときも積分をこのように特殊に選ぶということを意味する．

複素積分を学習するとき，あらかじめ Cauchy の主値を知らないで，通常の積分と特異積分，さらに Cauchy の主値などを混同してしまうと誤解が生じる．実際，前述の原点で連続になるように補正した Fourier 積分の被積分函数

$$\frac{\sin x}{x} \tag{1.18}$$

は複素積分の典型的例であって，しばしばその経路を原点を回避して上半複素平面を回る半径 R の半円経路などととり Cauchy の定理を用いて

$$\int_{-\infty}^{\infty} \frac{\sin x}{x} dx$$

$$= -\operatorname{Im}\left(\lim_{R\to\infty} \int_{z=Re^{i\theta}\ ;\theta:\ 0\to\pi} \frac{e^{iz}}{z} dz + \lim_{\varepsilon\to\infty} \int_{z=\varepsilon e^{-i\theta}\ \theta:0\to\pi} \frac{e^{iz}}{z} dz\right)$$

などとし，その値を原点近傍の半留数として求めるが，この函数は $\mathbb{R}$ 上で絶対広義可積分ではない．あとで述べる Lebesgue 積分の意味でも (1.18) の函数は可積分ではないが，広義 Riemann 積分のように「有限区間積分の極限」として捉え直すことでいずれの積分でも意味づけが可能となる．

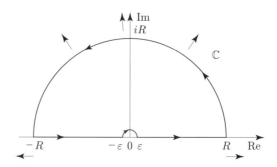

図 1.12　複素積分の積分経路．

Cauchy の主値を高次元に拡張すると次の例のようなことになる．

$$\lim_{\varepsilon\to 0} \int_{B_{\varepsilon^{-1}}(0)\setminus B_\varepsilon(0)} \frac{x}{|x|^n} dx = 0. \tag{1.19}$$

これは単独ではあまり意味を持たないが作用素の積分核として Riesz 変換 (リース変換)[*18] を生成し，作用素の特別な族である**特異積分作用素**としてその有効性が明らかとなるのだが，その原型は $\frac{1}{x}$ に対する Cauchy の主値に根ざしているのである．

M. Riesz

[*18]　Marcell Riesz (1886–1969)．ハンガリーの数学者．兄の Frigyes Riesz(1880–1956) と並んで函数解析学 (複素補間定理，Riesz ポテンシャル) など解析学に大きな足跡を残す．E. Hille, L. Hörmander らなど多くの数学者を指導した．

第 2 章

Lebesgue 測度

前節で解説した Riemann 積分は函数のグラフの面積を Riemann 和

$$\sum_{R \in \mathcal{R}} f(\xi)|R|, \qquad \xi \in R$$

で近似することにより与えるものであった. これに対して Lebesgue は正値函数 f の値を, ある値 $\lambda > 0$ に制限した領域 $\{x; f(x) = \lambda\}$ の面積 (あるいは測度) を先に測り, それを例えば $\mu(\{x; f(x) > \lambda\})$ とおいたときに

$$\sum_t \lambda \, \mu(\{x; f(x) > \lambda\})$$

で積分の近似を与えようとした. いずれも近似の精度を良くするために, この後に極限操作を必要とする. Riemann 積分においてはそれが Darboux の定理 (命題 I-4) であった. Lebesgue 積分においてもこの極限操作が必要であるがそれは Riemann 積分のそれを函数のグラフにおいて縦横入れ替えたものでかまわない[*1]. しかし領域 $\{x; f(x) = t\}$ の面積の測り方に工夫を加えることにより積分できる函数の種類が拡大されるのである. そこでは領域の測り方に対してより詳しい (精密な) 議論が必要となってくる. 以下測度の概念を導入して Riemann 積分に対応する Jordan 測度と新たに導入する Lebesgue 測度の比較を行う. さらに測れる集合とそうでない集合の分類を行う.

2.1 完全加法的測度

一般に長さ, 面積, 体積の概念 (以下簡単のため面積と呼ぶ) の特徴は次のようなものである.

○面積は非負の実数. 空集合の面積は 0.

[*1]　グラフの縦横を入れ替えるとは変数 x と従属変数 $y = f(x)$ の (x, y) を入れ替えて見るということ.

○ 二つの互いに疎な集合の合計の面積はそれぞれの集合の面積の和に等しい．すなわち $A \cap B = \emptyset$ ならば $(A \cup B)$ の面積 $= A$ の面積 $+ B$ の面積

そこで $\mathbb{R}^n$ の部分集合 A の全体の族 $\mathcal{A}$ に対して測度の概念を導入する．

<u>定義</u>．$\mathbb{R}^n$ の部分集合 A の族 $\mathcal{A}$ に対して $m(A) : \mathcal{A} \to \mathbb{R}$ が**有限加法測度**であるとは

(1) すべての $A \in \mathcal{A}$ に対して $m(A) \geq 0$ かつ $m(\emptyset) = 0$.

(2) $A = B_1 \cup B_2$, $B_1 \cap B_2 = \emptyset$ ならば $m(A) = m(B_1) + m(B_2)$

この定義から以下のことが成り立つ．このことを測度 m の有限加法性と呼ぶ．

(3) $A = B_1 \cup B_2 \cup B_3 \cup \cdots \cup B_n$ かつ $B_i \cap B_j = \emptyset$ ならば $m(A) = \sum_{i=1}^{n} m(B_i)$ が成り立つ．

<u>例</u>: 前節で定義した Jordan 測度 $m(\Omega)$ は有限加法測度である．

ここで有限加法測度の概念を拡張して以下を定義する．

<u>定義</u>．$\mathbb{R}^n$ の部分集合 A の族 $\mathcal{A}$ に対して $\mu(A)$: $\mathcal{A} \to \mathbb{R}$ が**完全加法測度** あるいは単に**測度**であるとは

(1) すべての $A \in \mathcal{A}$ に対して $\mu(A) \geq 0$ かつ $\mu(\emptyset) = 0$.

(2) A が互いに交わらない B_i (つまり $B_i \cap B_j = \emptyset$ $(i \neq j)$) の列で $A = \bigcup_{i=1}^{\infty} B_i$ と表されるとき $\mu(A) = \sum_{i=1}^{\infty} \mu(B_i)$ が成り立つ．

実は完全加法測度を導入する集合族 $\mathcal{A}$ は以下の性質を備えていなければならない

(1) $\emptyset \in \mathcal{A}$, $\Omega \in \mathcal{A}$

(2) $A \in \mathcal{A}$ ならばその補集合 $A^c \in \mathcal{A}$

(3) $A, B \in \mathcal{A}$ ならば $A \cap B \in \mathcal{A}$ かつ $A \cup B \in \mathcal{A}$.

こうした集合族は集合演算の和 (合併) 積 (共通部分) について体をなすことから**集合体**と呼ばれる．

上記の定義に現れるように $\mathbb{R}^n$ の部分集合体に対して可算回の合併や共通部分をとる演算について集合体が閉じているほうが外測度あるいは今後の話しの展開には都合が良い．そこで以下

<u>定義</u> (σ 集合体)．$\mathbb{R}^n$ の部分集合族 $\mathcal{A}$ が集合体であってかつ

(1) $A_i \in \mathcal{A}$ $(i = 1, 2, \cdots)$ に対して $\cup_{i=1}^{\infty} A_i \in \mathcal{A}$,

(2) $A_i \in \mathcal{A}$ $(i = 1, 2, \cdots)$ に対して $\cap_{i=1}^{\infty} A_i \in \mathcal{A}$

が成り立つとき $\mathcal{A}$ を σ 集合体 (σ-**algebra**) と呼ぶ．

測度には以下のような性質がある．

> **命題 2.1** μ を $\mathbb{R}^n$ のある σ 集合体 $\mathcal{A}$ で定義された完全加法測度とする. $A, B \in \mathcal{A}$ に対して以下が成り立つ.
>
> (1) $A \subset B$ ならば $\mu(A) \leq \mu(B)$.
>
> (2) $A \subset B$ かつ $\mu(A) < \infty$ ならば $\mu(B \setminus A) = \mu(B) - \mu(A)$.
>
> (3) $\{A_k\}_k \subset \mathcal{A}$ が単調増大集合列ならば $\mu(\bigcup_{k=1}^{\infty} A_k) = \lim_{k \to \infty} \mu(A_k)$.
>
> (4) $\{A_k\}_k \subset \mathcal{A}$ が単調減少集合列かつ $\mu(A_1) < \infty$ ならば $\mu(\bigcap_{k=1}^{\infty} A_k) = \lim_{k \to \infty} \mu(A_k)$.

命題 2.1 の証明. (1) $A \subset B$ なので $C = B \setminus A$ とおけば A と C は互いに素 (互いに交わらない) かつ $A \cup B = A \cup C$ よって $\mu(A) \leq \mu(A) + \mu(C) = \mu(A \cup C) = \mu(B)$.

(2) は測度の加法性そのもの.

(3) $B_{k+1} = A_{k+1} \setminus A_k \ (k = 1, 2, 3 \cdots), \ B_1 = A_1$ とおくと $A_n = \bigcup_{k=1}^{n} B_k$ かつ各 B_k は互いに素 (交わらない); $B_k \cap B_j = \emptyset$. 従って測度の完全加法性から

$$\mu(\bigcup_{n=1}^{\infty} A_n) = \mu(\bigcup_{k=1}^{\infty} B_k) = \sum_{k=1}^{\infty} \mu(B_k) \qquad \leftarrow \text{(完全加法性)}$$

$$= \lim_{n \to \infty} \sum_{k=1}^{n} \mu(B_k) = \lim_{n \to \infty} \mu(A_n).$$

(4) $B_k = A_1 \setminus A_k$ とおくと B_k は単調増大列かつ $B_k \to A_1 \setminus \bigcap_{k=2}^{\infty} A_k$. 従って (3) から

$$\mu(A_1) - \mu(\bigcap_{k=2}^{\infty} A_k)) = \mu(A_1 \setminus \bigcap_{k=2}^{\infty} A_k)$$

$$= \mu(\bigcup_{k=2}^{\infty} (A_1 \setminus A_k)) = \mu(\bigcup_{k=2}^{\infty} B_k) = \lim_{k \to \infty} \mu(B_k) \qquad \leftarrow ((3) \text{ より})$$

$$= \lim_{k \to \infty} (\mu(A_1) - \mu(A_k)) = \mu(A_1) - \lim_{k \to \infty} \mu(A_k).$$

よって $\mu(A_1) < \infty$ ならば結論を得る. $\qquad \square$

注意: 命題 2.1 (4) によって Harnack 集合の Lebsgue 測度 $\mu(H)$ は 1/2 となる.

2.2 $\mathbb{R}^n$ に対する外測度と Lebesgue 測度

一般の集合体 $\mathcal{A}$ に対する Carathéodory の外測度を以下で定義する.

<u>定義</u>. 集合の族 $\mathcal{A}$ に対して以下の性質を満たす函数 μ^* を Carathéodory の外測度あるいは単に**外測度**と呼ぶ.

(1) $A \in \mathcal{A}$ に対して $\mu^*(A) \geq 0$, $\mu^*(\emptyset) = 0$.

(2) $A \subset B$ ならば $\mu^*(A) \leq \mu^*(B)$.

(3) $A = \bigcup_{i=1}^{\infty} B_i$ ならば $\mu^*(A) \leq \sum_{i=1}^{\infty} \mu^*(B_i)$ (この条件を劣加法性と呼ぶ).

注意: 外測度の定義の劣加法性において B_i が互いに交わらないという仮定は**不要**である.

特に外測度が 0 となる集合を測度 0 の集合あるいは**零集合** (null set) と呼ぶ.

集合体 $\mathcal{A}$ として典型的な例は $\mathbb{R}^n$ の部分集合 Ω ($\mathbb{R}^n$ そのものと思っていてもよい) の上の部分集合全体などが考えられる. 以下, 当面 Ω は $\mathbb{R}^n$ の部分集合とする.

さて外測度の定義を満たす $\mathbb{R}^n$ の集合体 $\mathcal{A}$ に対する外測度 (Lebesgue 外測度) を定義する.

<u>定義</u>. $A \in \mathcal{A}$ に対して

$$m^*(A) = \inf_{\mathcal{R}} \left\{ \sum_{i=1}^{\infty} |R_i| ; A \subset \bigcup_{i=1}^{\infty} R_i, \ R_i \in \mathcal{R} \right\}$$

を集合 A の **Lebesgue 外測度**という. ただし $\mathcal{R}$ は A を覆う可算個の矩形の集合族であり, 空集合 $\emptyset$ に対しては $m^*(\emptyset) = 0$ と定義する.

注意: Lebesgue 外測度は Ω のすべての部分集合に対して定義可能である.

Lebesgue 外測度 $m^*(\cdot)$ が $\mathbb{R}^n$ の任意の集合族に対して外測度の定義を満足することは以下のようにしてわかる.

(1) 外測度が非負であることは明白. $m^*(\emptyset) = 0$ は定義に含まれる.

(2) $A \subset B$ ならば B を覆う矩形族 $\mathcal{R}$ は A も覆う. 従って特に (inf をとって) $m^*(A) \leq m^*(B)$.

(3) (劣加法性) $\{A_k\}_k$ を $\mathbb{R}^n$ の部分集合族とする. 任意の $\varepsilon > 0$ に対してある A_k を覆う矩形族 $\mathcal{R}_k = \{R_j^k ; j = 1, 2 \cdots\}$ が存在して

$$m^*(A_k) \geq \sum_{j=1}^{\infty} |R_j^k| - \frac{\varepsilon}{2^k}$$

とできる. いま, 矩形集合族の合併である $\bigcup_k \bigcup_j R_j^k$ は明らかに $\bigcup_{k=1}^{\infty} A_k$ を覆うから, 必要ならその細分をとって互いに交わらないように取り直して Lebesgue 外測度の定義を適用すると (互いに矩形が交わらなければ)

$$m^* \left(\bigcup_{k=1}^{\infty} \bigcup_{j=1}^{\infty} R_j^k \right) = \sum_{k,j=1}^{\infty} R_j^k$$

だから (矩形族について inf をとるので)

$$m^*\Big(\bigcup_{k=1}^{\infty} A_k\Big) \leq \sum_{k=1}^{\infty}\sum_{j=1}^{\infty} |R_j^k| \leq \sum_{k=1}^{\infty}\Big(m^*(A_k) + \frac{\varepsilon}{2^k}\Big) \leq \sum_{k=1}^{\infty} m^*(A_k) + \varepsilon.$$

$\varepsilon > 0$ は任意なので劣加法性が示された.

この定義は Jordan 測度を拡張して集合 A を覆う矩形の合計数を可算個まで
に増やしたものである. (これも Carathéodory の外測度と呼ぶことがある.)
Jordan 測度と Lebesgue 外測度の本質的な違いは A を覆う矩形の族 $\mathcal{R}$ の要
素の数が有限個か可算無限か? という点に尽きる.

さてこのように導入された外測度によって可測な集合の概念が定義される.
ところで本来 Jordan 測度のように Lebesgue 外測度に対応する Lebesgue 内
測度を定義して両者が一致した場合に Lebesgue 可測と呼ぶようにするのが
Jordan 測度あるいは Riemann 積分の定義からすれば自然なことであろう.
実際例えば Lebesgue 外測度に対応する形で次のような Lebesgue 内測度を定
義することができる: 集合 $A \in \mathcal{A}$ に対して A の Lebesgue 内測度を

$$m_*(A) = \sup_{\mathcal{R}}\Big\{ \sum_{i=1}^{\infty} |R_i|; A \supset \bigcup_{i=1}^{\infty} R_i,\, R_i \in \mathcal{R} \Big\}$$

とする. ここで $\mathcal{R}$ は A に含まれる可算個の矩形の集合族.

しかし以下の Carathéodory[*2)] による考察によって外測度のみを用いた定義
が可能となる.

いまある領域 A の広さ (測度) を測る際にその部分的
な領域 $A \cap E$ を測ることを考える. ここで E は Ω の部
分集合の内, 任意のものである.

$$m^*(E) - m^*(E \cap A^c)$$

を考えるとこれは E から $E \cap A^c$ の外測度を取り去っ
ているので直感的には $E \cap A$ の内測度 $m_*(E \cap A)$ に
対応すると見なせよう. 従ってこれを $E \cap A$ の外測度
$m^*(E \cap A)$ と等しいとしたときつまり

C. Carathéodory

$$m_*(E \cap A) \simeq m^*(E) - m^*(E \cap A^c) = m^*(E \cap A)$$

のとき, A の一部分 $A \cap E$ は可測であると考えられる. そうして E を $\mathcal{A}$ 全
体で動かして測るべき全体の集合 A の可測性を定義できる.

<u>定義</u>. $\mathbb{R}^n$ の部分集合 $\Omega \subset \mathbb{R}^n$ 上の集合体 $\mathcal{A}$ における元 A (つまり $\mathbb{R}^n$ の部分

---

*2) Constantin Carathéodory (1873–1950). ギリシャの数学者. ドイツで生まれ H.
　　Minkowski (1864–1909) の元で 1904 に学位を取る. 測度論で貢献. ほかに熱力学にお
　　ける Carathéodory の原理など.

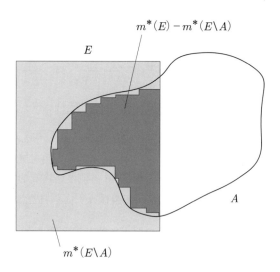

$$m^*(E) - m^*(E \setminus A)$$

E

A

$$m^*(E \setminus A)$$

図 2.1　Carathodory の内測度の図.

集合) が**可測**であるとは任意の $E \in \mathcal{A}$ に対して

$$m^*(E) = m^*(E \cap A) + m^*(E \cap A^c)$$

を満たすとき[*3)]. この条件式を Carathéodory (カラテオドリ) の条件式と呼ぶ. また Lebesgue の外測度で可測となる集合 A に対する $m^*(A)$ を **Lebesgue 測度**と呼び特に $\mu(A) \equiv m^*(A)$ と記す. さらに Lebesgue 可測な集合全体の集合を $\mathcal{M}$ と表すことにする.

注意: A の可測性を任意の E に対して

$$m^*(A) = m^*(A \cap E) + m^*(A \cap E^c)$$

としてしまわないように注意せよ.

上記のような定義を採用しておくと制約が厳しくなり測度であることを証明することが易しくなるなど, いくつか好都合な点が現れる.

さてこのように定義された μ が $\mathbb{R}^n$ の部分集合体の中で, 測度となっていることを示すのがこの節の焦点である.

定理 2.2　$\Omega \subset \mathbb{R}^n$ を部分集合, $\mathcal{A}$ を Ω の部分集合からなる集合体とする.
　(1) 集合体 $\mathcal{A}$ 上の可測集合全体 $\mathcal{M}$ はまた σ 集合体である.
　(2) さらにこのとき Lebesgue 測度 μ は完全加法測度となる. すなわち
　　　$A \in \mathcal{M}$ に対して,
　(2-1) $\mu(A) \geq 0,\ \mu(\emptyset) = 0$.
　(2-2) $\displaystyle \mu(A) = \sum_{i=1}^{\infty} \mu(B_i)$.

[*3)]　定義自身は $m^*(E) \geq m^*(E \cap A) + m^*(E \cap A^c)$ でもよい.

$$\text{ただし } A = \bigcup_{k=1}^{\infty} B_k \text{ かつ } B_k \cap B_j = \emptyset \ (k \neq j).$$

定理 2.2 の証明.

(1) $\mathcal{M}$ が σ 集合体であることを示す.

(イ) $\emptyset \in \mathcal{M}$. 実際 $m^*(\emptyset \cap E) + m^*(E \setminus \emptyset) = m^*(\emptyset) + m^*(E) = m^*(E)$ ゆえ $\emptyset \in \mathcal{M}$.

$\Omega \in \mathcal{M}$. 実際 $m^*(\Omega \cap E) + m^*(E \setminus \Omega) = m^*(E) + m^*(\emptyset) = m^*(E)$ ゆえ $\Omega \in \mathcal{M}$.

(ロ) $A \in \mathcal{M}$ とする. 定義より任意の $E \subset \mathcal{M}$ に対して

$$m^*(E) = m^*(E \cap A) + m^*(E \cap A^c).$$

ところが $E \setminus A = E \cap A^c$ かつ $E \cap A = E \cap (A^c)^c = E \setminus A^c$ ゆえ

$$m^*(E) = m^*(E \cap (A^c)^c) + \mu^*(E \cap A^c)$$

なので $A^c \in \mathcal{M}$.

(ハ) $B_i \in \mathcal{M}$ を互いに交わらない可測集合列とする. 外測度の定義から任意の $E \in \mathcal{A}$ に対して

$$m^*(E) \leq m^*(E \cap (\cup_{k=1}^{\infty} B_k)) + m^*(E \setminus (\cup_{k=1}^{\infty} B_k))$$

は常に正しい. 従って反対の不等号を示す. いま B_1 に対しては

$$m^*(E) = m^*(E \cap B_1) + m^*(E \setminus B_1)$$

であり $B_1 \cup B_2$ に対しては (B_2 の可測性において $E \to E \setminus B_1$ と置き換えて)

$$\begin{aligned}
m^*(E) =& m^*(E \cap B_1) + m^*(E \setminus B_1) \quad (B_1 \text{の可測性}) \\
=& m^*(E \cap B_1) + \underline{m^*((E \setminus B_1) \cap B_2) + m^*((E \setminus B_1) \setminus B_2)} \\
& (B_2 \text{ の可測性を用いた}) \\
=& m^*(E \cap B_1) + m^*((E \setminus B_1) \cap B_2) + m^*(E \setminus (B_1 \cup B_2)) \\
& (B_1 \text{ と } B_2 \text{ は互いに交わらないので}) \\
=& m^*(E \cap B_1) + m^*(E \cap B_2) + m^*(E \setminus (B_1 \cup B_2)) \\
& (\text{ここで外測度の劣加法性を用いて}) \\
\geq& m^*((E \cap B_1) \cup (E \cap B_2)) + m^*(E \setminus (B_1 \cup B_2)) \\
=& m^*(E \cap (B_1 \cup B_2)) + m^*(E \setminus (B_1 \cup B_2))
\end{aligned}$$

(最後の 2 行は有限加法性を示している).

もう一度同じことを繰り返せば

$$m^*(E) \geq m^*(E \cap B_1) + m^*(E \cap B_2) + \cdots + m^*(E \cap B_3)$$
$$+ \underline{m^*(E \setminus (B_1 \cup B_2 \cup B_3))}$$
$$(\text{ここで } B_4 \text{ の可則性を用いて})$$
$$= m^*(E \cap B_1) + m^*(E \cap B_2) + \cdots + m^*(E \cap B_3)$$
$$+ \underline{m^*\Big(\big(E \setminus (B_1 \cup B_2 \cup B_3) \big) \cap B_4 \Big)}$$
$$+ \underline{m^*\Big(\big(E \setminus (B_1 \cup B_2 \cup B_3) \big) \setminus B_4 \Big)}$$
$$= m^*(E \cap B_1) + m^*(E \cap B_2) + \cdots + m^*(E \cap B_3)$$
$$+ m^*(E \cap B_4) + m^*(E \setminus (B_1 \cup B_2 \cup B_3 \cup B_4)).$$

以下帰納的に

$$m^*(E) \geq m^*(E \cap B_1) + m^*(E \cap B_2) + \cdots$$
$$+ m^*(E \cap B_k) + m^*(E \setminus \bigcup_{l=1}^{k} B_l)$$
$$= \sum_{l=1}^{k} m^*(E \cap B_l) + m^*(E \setminus \bigcup_{l=1}^{k} B_l)$$
$$(\text{第 2 項で } k \to \infty \text{ とした方が集合が小さいので})$$
$$\geq \sum_{l=1}^{k} m^*(E \cap B_l) + m^*(E \setminus \bigcup_{l=1}^{\infty} B_l).$$

いま右辺第 1 項は単調増大な級数であって，(左辺)− (右辺第 2 項) は k に依存しないので上に有界である．従って級数は収束してその極限は

$$m^*(E) \geq \sum_{l=1}^{\infty} m^*(E \cap B_l) + m^*(E \setminus \bigcup_{l=1}^{\infty} B_l)$$

を満たす．そこで外測度の劣加法性を用いて

$$m^*(E) \geq \sum_{l=1}^{\infty} m^*(E \cap B_l) + m^*(E \setminus \bigcup_{l=1}^{\infty} B_l)$$
$$\geq m^*(\bigcup_{l=1}^{\infty}(E \cap B_l)) + m^*(E \setminus \bigcup_{l=1}^{\infty} B_l) \qquad (2.1)$$
$$= m^*((E \cap (\bigcup_{l=1}^{\infty} B_l)) + m^*(E \setminus \bigcup_{l=1}^{\infty} B_l).$$

従って

$$m^*(E) \geq m^*((E \cap (\bigcup_{l=1}^{\infty} B_l)) + m^*(E \setminus \bigcup_{l=1}^{\infty} B_l)$$

を得て $\bigcup_{l=1}^{\infty} B_l$ が可測であることがわかる．

(ニ) 次に B_k が互いに交わらないとは限らない場合を考える. いま B_1, $B_2 \in \mathcal{M}$ と仮定すると，(ハ) における議論と同様にして

$$m^*(E) = m^*(E \cap B_1) + m^*(E \setminus B_1) \quad (B_1 \text{の可測性})$$

$$= m^*(E \cap B_1) + m^*((E \setminus B_1) \cap B_2) + m^*((E \setminus B_1) \setminus B_2)$$

$$(B_2 \text{の可測性})$$

$$= m^*(E \cap B_1) + m^*(E \cap B_1^c \cap B_2) + m^*((E \cap B_1^c) \cap B_2^c))$$

$$((E \cap B_1^c) \cap B_2^c = E \cap (B_1 \cup B_2)^c \text{ だから})$$

$$= m^*(E \cap B_1) + m^*(E \cap B_1^c \cap B_2) + m^*(E \setminus (B_1 \cup B_2))$$

$$(\text{今度は } B_1 \text{ と } B_2 \text{ は交わらないとは限らないが}$$

$$\text{外測度の劣加法性から})$$

$$\geq m^*\big((E \cap B_1) \cup (E \cap B_1^c \cap B_2))\big) + m^*(E \setminus (B_1 \cup B_2))$$

$$((E \cap B_1) \cup (E \cap B_1^c \cap B_2) = E \cap (B_1 \cup B_2) \text{ に注意すれば})$$

$$= m^*\big(E \cap (B_1 \cup B_2)\big) + m^*(E \setminus (B_1 \cup B_2)).$$

これは $B_1 \cup B_2 \in \mathcal{M}$ を示している. (ロ) を用いると $B_1 \setminus B_2 \in \mathcal{M}$ も成り立つ. このことからはじめに与えられた交わるかもしれない集合列 $\{B_k\}$ に対して $C_k = B_k \setminus \cup_{l=1}^{k-1} B_l, C_1 = B_1$ とおくと互いに交わらない集合族 $\{C_k\}$ を生成することができて $C_k \in \mathcal{M}$ である. よって (ハ) から $\bigcup_{l=1}^{\infty} C_l \in \mathcal{M}$ であったが, $\bigcup_{l=1}^{\infty} B_l = \bigcup_{l=1}^{\infty} C_l$ より $\bigcup_{l=1}^{\infty} B_l \in \mathcal{M}$ が従う.

(ホ) B_l が可測なときに $\cap_{l=1}^{\infty} B_l$ も可測なことは $\cap_{l=1}^{\infty} B_l = (\cup_{l=1}^{\infty} B_l^c)^c$ と (ハ) から従う. 以上により $\mathcal{M}$ が σ 集合体であることが示された.

(2) m^* が $\mathcal{M}$ 上 Lebesgue 測度になることを示す. そのためには m^* の完全加法性つまり互いに交わらない可測集合列 $\{B_l\}$ に対して

$$m^*(\bigcup_{k=1}^{\infty} B_k) = \sum_{k=1}^{\infty} m^*(B_k)$$

をいえばよい. m^* は外測度ゆえ劣加法性

$$m^*(\bigcup_{k=1}^{\infty} B_k) \leq \sum_{k=1}^{\infty} m^*(B_k)$$

は常に成立. 一方 (1) から $\mathcal{M}$ が σ 集合体であり特に $\bigcup_{k=1}^{\infty} B_k$ は可測集合であるから (2.1) 式下から 3 行目で

$$m^*(E) \geq \sum_{k=1}^{\infty} m^*\big(E \cap B_k\big) + m^*\Big(E \setminus \big(\bigcup_{k=1}^{\infty} B_k\big)\Big)$$

において $E = \cup_{k=1}^{\infty} B_k$ とおくと

$$m^*(\bigcup_{k=1}^{\infty} B_k) \geq \sum_{k=1}^{\infty} m^*(B_k)$$

を得る. □

注意: 定義から, Jordan 可測集合は Lebesgue 可測集合である. 実際 $A \subset \mathbb{R}^n$ を Jordan 可測とし, $m_J(\cdot)$, $m_J^*(\cdot)$ と $m_{*J}(\cdot)$ をそれぞれ Jordan 測度, 外測度, 内測度とすれば

$$m_J^*(A) = m_{*J}(A) = m_J(A) \tag{2.2}$$

である. Lebesgue 外測度と内測度が定義されていれば (Jordan 測度の方が被覆する矩形に対する制約が多いので Lebesgue のそれに対して inf は大きくなり sup は小さくなる)

$$m^*(A) \leq m_J^*(A), \tag{2.3}$$
$$m_*(A) \geq m_{*J}(A) \tag{2.4}$$

である. 他方一般に

$$m_*(A) \leq m^*(A)$$

だから (2.2)–(2.4) より

$$m_{*J}(A) \leq m_*(A) \leq m^*(A) \leq m_J^*(A) = m_{*J}(A)$$

となり Jordan 可測集合なら Legesgue 可測集合である.

　これを Caratheodory の一般化の上で行うと, 任意の $E \subset \mathbb{R}^n$ に対して Lebesgue 外測度と Jordan 外測度の関係から

$$m^*(E \cap A) \leq m_J^*(E \cap A).$$

同様に内測度の対応から

$$m_*(E) - m^*(E \setminus A) \geq m_{*J}(E \cap A).$$

もし $E \cap A$ が Jordan 可測なら

$$m_J^*(E \cap A) = m_{*J}(E \cap A)$$

だから

$$m^*(E \cap A) \leq m_J^*(E \cap A) = m_{*J}(E \cap A) \leq m^*(E) - m^*(E \setminus A)$$

から

$$m^*(E) \geq m^*(E \cap A) + m^*(E \setminus A)$$

が従う. 反対向きの不等号はいつでも正しいので, これで A の Lebesgue 可測

性が示された.

<u>問題 11</u>. Riemann 積分の定義において，区間の分割を無限個に増やして積分を定義することは可能か?またもし可能ならばその効果はどうか?

定理 2.2 で見たように Lebesgue 外測度は Lebesgue 可測な集合体に対して完全加法測度を与える．そこでより一般に，測度 μ を考える (今までは $\mathbb{R}^n$ の部分集合だった) 土台の集合を Ω，その上の部分集合体を $\mathcal{A}$，測度 μ で可測な σ 集合体を $\mathcal{M}$，それに対して測度定義する外測度 μ^*，そこから定義される，測度を μ と記して $(\Omega, \mathcal{M}, \mu)$ をセットで考えることにする.

<u>定義</u>．μ^* を外測度，Ω をその部分集合に外測度 μ^* が定義された集合，$\mathcal{M}$ を Ω の部分集合のうち可測であるもの全体のなす σ 集合体，μ を外測度 μ^* から定義される測度とする．このとき，組み合わせ $(\Omega, \mathcal{M}, \mu)$ を**測度空間**と呼ぶ.

Ω を $\mathbb{R}^n$ 上の可測集合とし，μ を Lebesgue 測度，$\mathcal{M}$ を Ω の部分集合で可測なもの全体とすれば $(\Omega, \mathcal{M}, \mu)$ は測度空間の一例である.

ここで興味のあるところは可測な集合の族 $\mathcal{M}$ はどのくらい多いか? ということであろう．実際 Ω 上のすべての部分集合からなる族 $\mathcal{A}$ と一致すればこの上ない．しかしながら選択公理を仮定すると可測でない部分集合が構成できてしまう[*4].

そうなると実際に可測である集合族の性質が問題になる．事実これは σ 集合体をなすがどれくらい大きいのかということになる．特に $\mathbb{R}^n$ の開集合全体 $\mathcal{O}$ を含む最小の σ 集合体は可測集合の部分集合となる．(これを Borel 集合体 $[\mathcal{O}]_\sigma = [\mathcal{O}]_{\text{Borel}}$ と呼ぶ.) こうした可測集合の全体像に対する議論はやや込み入るので先の章にゆずることにして，先に可測関数を定義して積分の再構成に議論を進めることにする.

以下の主張 (Borel-Canteli[*5] の定理) はある事象が発生する確率を考えたときに，その事象が無限に多く発生する確率を述べたものに相当する.

F.P. Cantelli

> **定理 2.3 (Borel-Cantelli の定理)** $(\Omega, \mathcal{M}, \mu)$ を測度空間とし $A_k \in \mathcal{M}$ $(k = 1, 2, \cdots)$ が $\displaystyle\sum_{k=1}^{\infty} \mu(A_k) < \infty$ を満たすとき
> (i) $\mu(\varlimsup_{k \to \infty} A_k) = 0.$

[*4]　このことは第 5 章で取り扱う.

[*5]　Francesco P. Cantelli (1875–1966). イタリアの数学者．当初銀行に勤め確率論を研究した，カターニャ大学，ナポリ大学次いでローマ第一大学に移った.

> (ii) $\mu(\Omega) < \infty$ のとき $\mu(\varliminf_{k\to\infty} A_k^c) = \mu(\Omega)$ が成り
>
> 立つ.

定理 2.3 の証明. (i) $\sum_k \mu(A_k) < \infty$ より任意の $\varepsilon > 0$ に対してある十分大き
な自然数 M があって $\displaystyle\sum_{k=M}^{\infty} \mu(A_k) < \varepsilon$ とできる. このとき

$$\mu(\varlimsup_{k\to\infty} A_k) = \mu(\bigcap_{n=1}^{\infty} \bigcup_{k\geq n} A_k) \leq \mu(\bigcup_{k\geq M} A_k) \leq \sum_{k\geq M} \mu(A_k) < \varepsilon$$

より $\mu(\varlimsup_{k\to\infty} A_k) = 0$ を得る. $\qquad\square$

<u>問題 12</u>. 定理 2.3 の (ii) を証明せよ.

<u>問題 13</u>. $\alpha > 1$ なる実数に対して, $[0,1]$ の部分集合 D_α を以下で定義する:

$$D_\alpha = \left\{ a \in [0,1]; \left| a - \frac{p}{q} \right| < \frac{1}{q^\alpha} \text{なる既約自然数 } (p,q) \text{ が無限個存在.} \right\}.$$

以下の問いに答えよ.

(1) D_α に対して

$$D_\alpha \subset \bigcap_{q\in\mathbb{N}} \bigcup_{p\in\mathbb{N},\ p\leq q\ p/q:既約} \left\{ a \in [0,1]; \left| a - \frac{p}{q} \right| < \frac{1}{q^\alpha},\ (p,q) \text{ は自然数} \right\}$$

が成り立つことを示せ.

(2) $\alpha > 2$ のとき $\mu(D_\alpha) = 0$ を示せ.

参考: $\alpha = 2$ のとき, D_α は非可算集合である. D_2 は無理数の連分数近似
(Dyophantine 近似) を表しており特に $[0,1]$ の任意の無理数は $D_\alpha = D_2$ の条
件を満たす. 従って $D_2 \supset [0,1] \cap \mathbb{Q}^c$ であり $\mu(D_2) = 1$ である.

(2) の略解は,

$$\left\{ a \in [0,1]; \left| a - \frac{p}{q} \right| < \frac{1}{q^\alpha},\ (p,q) \text{ は自然数} \right\} = D_{(p,q)}$$

とおけば

$$\mu\left(\bigcup_{p=1}^{q} D_{(p,q)} \right) \leq \sum_{p=1}^{q} \mu\left(D_{(p,q)} \right) \leq \frac{2}{q^\alpha} \times q.$$

特に

$$\sum_{q=1}^{\infty} \mu(\bigcup_{p\leq q} D_{(p,q)}) \leq \sum_{q=1}^{\infty} \frac{2}{q^\alpha} \times q = 2\sum_{q=1}^{\infty} \frac{1}{p^{\alpha-1}} < \infty.$$

従って Borel-Cantelli の定理から

$$\mu(D_\alpha) \leq \mu(\varlimsup_{q\to\infty} \bigcup_{p\leq q} D_{(p,q)}) = 0.$$

2.3 ℝ 上の Lebesgue 測度

ℝ 上の Lebesgue 測度について次を証明する.

命題 2.4 μ を ℝ 上の Lebesgue 測度とする.

(1) ℝ 上の任意の開区間 $I = (a, b)$ は可測であり $\mu(I) = b - a$ となる.

(2) ℝ 上の任意の区間 $I = [a, b), (a, b], [a, b]$ はすべて可測でその測度は $b - a$ と一致する.

(3) ℝ 上の任意の開集合は可測である.

命題 2.4 の証明.

(1) $I_+ = (a, \infty)$ $(I_- = \mathbb{R} \setminus I_+)$ とおく. まず I_+ が可測であることを示す. 任意の ℝ の部分集合 E に対して $E_+ = E \cap I_+$, $E_- = E \cap I_+^c$ とおく. $E = E_+ \cup E_-$ かつ $E_+ \cap E_- = \emptyset$ である. $m^*(E) = \infty$ ならば示すべきことは無い (このとき可測条件

$$m^*(E) \geq m^*(E \cap I_+) + m^*(E \setminus I_+)$$

はいつでも正しい).

よって $m^*(E) < \infty$ を仮定する. 外測度の定義から, 任意の $\varepsilon > 0$ に対して, 互いに素な (お互いに共通部分を持たない) 右半開区間列 $\{I_k\}_{k=-\infty}^{\infty}$ が存在して $E \subset \bigcup_{k=-\infty}^{\infty} I_k$ かつ

$$m^*(E) \geq \sum_{k=-\infty}^{\infty} |I_k| - \varepsilon$$

とできる. 各 I_k は互いに素なので, $a \notin \bigcup_k I_k$ かあるいは, ある $k_0 \in \mathbb{Z}$ に対して $a \in I_{k_0}$ となる. 後者を仮定すると, このとき $I_{k_0} = [a_{k_0}, b_{k_0})$ を $I_{k_0} = [a_{k_0}, a) \cup [a, b_{k_0}) = I_{k_0}^- \cup I_{k_0}^+$ と分解すれば (もし $a_{k_0} = a$ ならば分解せずに $I_{k_0} = I_{k_0}^+$, $I_{k_0}^- = \emptyset$ とおいて)

$$
\begin{aligned}
E_- &\subset \Big(\bigcup_{k=-\infty}^{k_0-1} I_k \Big) \cup I_{k_0}^- \equiv \bigcup_{k=-\infty}^{k_0} I_k^-, \\
E_+ &\subset I_{k_0}^+ \cup \bigcup_{k=k_0+1}^{\infty} I_k \equiv \bigcup_{k=k_0}^{\infty} I_k^+
\end{aligned}
\tag{2.5}
$$

とおく. このことより

$$
\begin{aligned}
m^*(E_+) + m^*(E_-) &\leq \sum_{k=k_0}^{\infty} |I_k^+| + \sum_{k=-\infty}^{k_0} |I_k^-| \\
&= \sum_{k=k_0+1}^{\infty} |I_k| + |I_{k_0}^+| + |I_{k_0}^-| + \sum_{k=-\infty}^{k_0-1} |I_k|
\end{aligned}
$$

$$= \sum_{k=-\infty}^{\infty} |I_k| \le m^*(E) + \varepsilon. \tag{2.6}$$

端点 a がいずれの I_k にも含まれない場合には,上の区間分割を行う必要がなく最後の不等式が成り立つ.このとき $\varepsilon > 0$ は任意にとれるので,

$$m^*(E \cap I_+) + m^*(E \setminus I_+) = m^*(E_+) + m^*(E_-) \le m^*(E)$$

となり I_+ の可測性が示された.

次に $\bar{I}_+ = [a, \infty)$ の可測性を示す.$\bar{I}_+ = \cap_{k=1}^{\infty}(a - \frac{1}{k}, \infty)$ と表されるので可測集合全体が σ 集合体をなすことから $\bar{I}+$ も可測.特に $(a, b) = (a, \infty) \setminus [b, \infty)$ とすれば (a, b) も可測.このとき $\mu(I) = m^*(I)$ $= b - a$.

(2) (1) と同様にして補集合の差 $[a, b) = (-\infty, b) \cap [a, \infty) = [b, \infty)^c \cap [a, \infty)$ などをとることにより可測集合全体が σ 集合体をなすことから示される.

(3) $\mathbb{R}$ の開集合は可算個の連結した互いに disjoint な開区間の列の合併で表される (1 次元開集合の構造定理) ため,各開区間が可測なことと可測集合が σ 集合体をなすことから示される. □

問題 14.

(1) $\mathbb{R}$ において整数全体の集合 $\mathbb{Z}$ が Lebesgue 可則であることを示せ.

(2) $\mathbb{R}^n$ の一点からなる集合 $\{x\}$ が $\mathbb{R}^n$ で Lebesgue 可則集合であることを示し $\mu(\{x\}) = 0$ を示せ.

(3) $\mathbb{R}$ 上の加算集合 A が一点集合 $\{x_i\}$ で $A = \bigcup_{i=1}^{\infty}\{x_i\}$ と表せることを用いて A が可測であることを証明し,$\mu(A) = 0$ を示せ.

(1) 任意の $0 < \varepsilon < 1/2$ に対して加算個の右半開区間 $[n - \frac{\varepsilon}{2^{|n|}}, n + \frac{\varepsilon}{2^{|n|}})$ で覆って

$$m^*(\mathbb{Z}) \le \sum_{n \in \mathbb{N}} m^*\left(\left[n - \frac{\varepsilon}{2^{|n|}}, n + \frac{\varepsilon}{2^{|n|}}\right)\right) = \sum_{n=1}^{\infty} \frac{\varepsilon}{2^{|n|-1}} \le C\varepsilon$$

から $m^*(\mathbb{Z}) = 0$ を得て,任意の $E \subset \mathbb{R}$ に対して $m^*(E \cap \mathbb{Z}) \le m^*(\mathbb{Z}) = 0$ を得るから,

$$m^*(E \cap \mathbb{Z}) + m^*(E \setminus \mathbb{Z}) \le 0 + m^*(E) = m^*(E)$$

となって可測であることがわかる.

(2) 一点集合 $\{x_0\} \subset \mathbb{R}$ は可測である.実際,まず $[x_0 - \varepsilon, x_0 + \varepsilon)$ は $\{x_0\}$ を含むので

$$m^*(\{x_0\}) \le \mu([x_0 - \varepsilon, x_0 + \varepsilon)) = 2\varepsilon.$$

$\varepsilon > 0$ は任意にとれるので,右辺は $\to 0$ $\varepsilon \to 0$ である.よって $m^*(\{x_0\}) = 0$. そこで任意の $E \subset \mathbb{R}$ に対して,$x_0 \in E$ ならば $m^*(E \cap \{x_0\}) = 0$ かつ $m^*(E \setminus \{x_0\}) \le m^*(E)$ (集合の大小の保存).従って

$$m^*(E \cap \{x_0\}) + m^*(E \setminus \{x_0\}) \leq m^*(E).$$

従って $\{x_0\}$ は可測. いま $\mathbb{Z} = \bigcup_{k \in \mathbb{N}} k$ と可測集合の σ 加法性より $\mathbb{Z}$ は Lebesgue 可測.

(3) 上と同様に一点集合が可測ゆえ，その加算合併である加算集合も可測でその Lebesgue 測度は $\mu(A) \leq \sum_{k \in \mathbb{N}} \mu(\{x_k\}) = 0$.

Lebesgue 測度は Eulid 空間 $\mathbb{R}^n$ における重要な性質である空間平行移動不変性を持つ．次が成り立つ．

命題 2.5 μ を $\mathbb{R}^n$ 上の Lebesgue 測度とする.

(1) $\mathbb{R}^n$ 上の Lebesgue 可測集合 A と任意の $a \in \mathbb{R}^n$ に対して $A + a = \{x + a \in \mathbb{R}^n; x \in A\}$ とおくとき，$A + a$ も Lebesgue 可測となり，$\mu(A) = \mu(A + a)$ となる.

(2) $\mathbb{R}^n$ 上の Lebesgue 可測集合 A と任意の回転行列 O_ω に対して $O_\omega A$ も Lebesgue 可測であって測度は不変である.

命題 2.5 の証明. (1) A を可測集合とする．$A + a = A_a$ とおく．任意の $\mathbb{R}^n$ の部分集合 E に対して

$$\mu^*(E) \geq \mu^*(E \cap A_a) + \mu^*(E \cap A_a^c)$$

が成り立つことを示せばよい．いま

$$
\begin{aligned}
E \cap A_a =& \{x \in E; x \in A + a\} = \{x \in E; x - a \in A\} \\
=& \{y \in E + a; y \in A\} = (E + a) \cap A, \\
E \cap A_a^c =& \{x \in E; x \in (A + a)^c\} = \{x \in E; x - a \notin A\} \\
=& \{y \in E + a; y \notin A\} = (E + a) \cap A^c,
\end{aligned}
$$

よって

$$
\begin{aligned}
\mu^*(E \cap A_a) + &\mu^*(E \cap A_a^c) \\
&= \mu^*((E + a) \cap A) + \mu^*((E + a) \cap A^c) \leq \mu^*(E + a).
\end{aligned}
$$

最後の不等式は A の可測性による．最後に

$$\mu^*(E + a) = \mu^*(E)$$

を示す．これは Lebesgue 外測度の平行移動不変性による．実際 Lebesgue 外測度の定義から

$$\mu^*(E + a) = \inf\left\{ \sum_{k=1}^{\infty} R_k; (E + a) \subset \bigcup_{k=1}^{\infty} R_k \right\}.$$

ところで

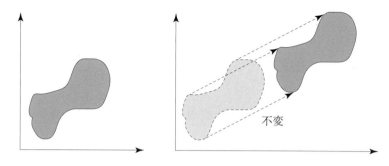

図 2.2　Lebesgue 測度の並進不変性.

$$(E + a) \subset \bigcup_{k=1}^{\infty} R_k \quad \Longrightarrow \quad E \subset \bigcup_{k=1}^{\infty} (R_k - a).$$

かつ

$$|R_k| = |R_k - a|$$

なので

$$\mu^*(E + a) = \mu^*(E)$$

を得る.

(2) 回転行列の場合も同様にして示される. 任意の角度 n 次元回転角 ω に対する n-次元回転行列を O_ω とし, 任意の集合 X に対してその回転行列による像を $O_\omega X$ とおく. A が可測のとき, $\mathbb{R}^n$ の任意の部分集合 E に対して

$$\mu^*(E) \geq \mu^*(E \cap (O_\omega A)) + \mu^*(E \cap (O_\omega A)^c)$$

を示したい. $\det O_\omega = 1$ であることから

$$\mu^*(R) \equiv |R| = \mu^*(O_\omega R) \tag{2.7}$$

である. 平行移動の場合 (1) と同様にして

$$\begin{aligned}
E \cap (O_\omega A) &= \{x \in E; x \in O_\omega A\} = \{x \in E; O_\omega^{-1} x \in A\} \\
&= \{y \in O_\omega E; y \in A\} = (O_\omega E) \cap A, \\
E \cap (O_\omega A)^c &= \{x \in E; x \in (O_\omega A)^c\} = \{x \in E; O_\omega^{-1} x \notin A\} \\
&= \{y \in (O_\omega E); y \notin A\} = (O_\omega E) \cap A^c.
\end{aligned}$$

これと (2.7) から $O_\omega A$ の可測性が示される.　　　　　□

問題 15. 命題 2.5 の (2) の証明中の (2.7) を $n = 2, 3$ で確認して証明を完成させよ.

注意: ユークリッド空間 $\mathbb{R}^n$ における Lebesgue 測度のように空間の並進移動について不変な測度は, 次元 n が無限大になると一般には存在しない. 例えば

$\mathbb{R}^n$ の拡張である実数列空間 ℓ^∞ を考えるとこれは無限次元空間であるが[*6]，そこに Lebesgue 測度のように並進不変な測度 μ があると仮定すると，各基底

$$e_k = (0, 0, \cdots, \underbrace{1}_{k\,\text{番目}}, 0, 0\cdots), \quad k = 1, 2, \cdots$$

の小さい δ-近傍 $B_k \equiv B_\delta(e_k) = \{a \in \ell^\infty; |a - e_k| < \delta\}$ を選べば，$\mu(\bigcup_k B_k) = \sum_k \mu(B_k)$ は発散する．しかし $\bigcup_k B_k \subset B_{1+\delta}(0)$ だから測度の完全加法性から $\mu(B_{1+\delta}(0)) = \infty$ を意味し，並進不変性と e_k に適当に定数倍することにより至るところ測度が発散することとなり矛盾を生じる．

実はもっと大きな非可算無限集合 (連続濃度を持つ集合) ですらも零集合になりうる．もっともよく知られ重要な例は Cantor の 3 進集合である．

- Cantor の 3 進集合.
  (1) $I_0 = [0, 1]$ の内 $J_1 = (1/3, 2/3)$ をくり抜く．残りは $I_1 = [0, 1/3] \cup [2/3, 1]$ である．
  (2) I_1 の内 $J_2 = (1/3^2, 2/3^2) \cup (7/3^2, 8/3^2)$ をくり抜く．残りは $I_2 = [0, 1/3^2] \cup [2/3^2, 1/3] \cup [6/3^2, 7/3^2] \cup [8/3^2, 1]$ である．
  (3) 以下各連結成分からその 3 等分した区間の中央の開区間のみを取り除く操作を行う．
  (4) 以上の操作によりつくられる集合 $C = \lim\limits_{k \to \infty} I_k$ を Cantor の 3 進集合と呼ぶ．

  ○ C は可測集合である．なぜならはじめの $I_0 = [0, 1]$ は連結した閉区間ゆえ 1 次元で可測．C はそれから可算個の可測区間を取り除いたものである．可測集合全体 $\mathcal{M}$ が σ 集合体であるから C も可測．
  ○ $\mu(C) = 0$ である．実際 Lebesgue 測度の完全加法性より $\mu(C) = \mu(I_0) - \cup_k \mu(J_k)$ ところが $\mu(J_1) = 1/3$, $\mu(J_2) = 1/3^2 \times 2$ $\mu(J_3) = 1/3^3 \times 2^2$ 一般に $\mu(J_k) = 1/3 \times (2/3)^{k-1}$ 従って

  $$\mu(C) = \mu(I_0) - \bigcup_{k=1}^{\infty} \mu(J_k)$$
  $$= 1 - \sum_{k=1}^{\infty} \frac{1}{3} \times (\frac{2}{3})^{k-1} = 1 - 1 = 0.$$

  ○ C は $[0, 1]$ と同型である．すなわち C は連続濃度.
  ○ C は実は Jordan 可則である．内側からは区間がとれないので $m_*(C) = 0$．他方外測度は有限個の区間を取り除くので $m^*(I_n) = 1 - (n-1)(\frac{1}{3})^n \to 0$ となり $m^*(C) \leq \lim\limits_{n \to \infty} m^*(I_n) = 0$ を得る．

[*6]　e_k (第 k 番目だけ 1) を考えるとそれらは基底になるため.

<u>問題 16.</u> Cantor 集合 C が Jordan 可則であることを示せ.

• Smith–Harnack 集合[*7][*8]: Cantor の 3 進集合を
構成する手順と同様の手順でくり抜く集合の大きさ
を $1/4^n$ としたものを考える. すなわち:

H.J.S. Smith

(1) $I_0 = [0,1]$ の内 $K_1 = (3/8, 5/8)$ をくり抜く.
残りは $I_1 = [0, 3/8] \cup [5/8, 1]$ である.

(2) I_1 の内 $J_2 = \big(5/(2 \cdot 4^2), 7/(2 \cdot 4^2)\big) \cup$
$\big(25/(2 \cdot 4^2), 27/(2 \cdot 4^2)\big)$ をくり抜く. 残りは
$I_2 = [0, 5/32] \cup [7/32, 3/16] \cup [5/16, 25/32] \cup$
$[27/32, 1]$ である.

C.G.A. Harnack

(3) 以下第 k 回目に全体の $1/4^k$ の長さの開区間を
各連結成分の中央から取り除く操作を行う.

(4) 以上の操作を無限回繰り返してつくられる集合
$H = \lim_{k \to \infty} I_k$ を Smith–Harnack 集合と呼ぶ.

∘ H は Jordan 可測でない.

<u>問題 17.</u> H は Jordan 可測でないことを示せ. また
H は Lebesgue 可測かつ $\mu(H) = 1/2$ であることを示せ. (実は命題 2.1(4)
より従う.)

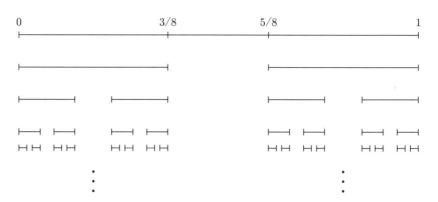

図 2.3 Smith–Harnack 集合の図.

[*7] Henry John Stephen Smith (1826–1883). アイルランドの数学者. Smith-Cantor 集合の発見者. 数論に業績がある. Riemann 積分の厳密化にも功績がある.

[*8] Carl Gustav Axel Harnack (1851–1888). ドイツ (エストニア) の数学者. ポテンシャル論, Harnack の不等式で知られる. 双子だったもう一人は著名な神学者 Adolf von Harnack.

2.4 零集合に対する注意

外測度が 0 となる集合が零集合であった.もしそれが可測な集合なら測度が 0 であると言ってもよい.もちろん $\emptyset$ の測度は 0 であるがより詳しく

- 可算個の点からなる集合の測度は 0 である.

- 測度の完備性.いまある可測集合 N が測度 0 であるとする.すなわち $\mu(N) = 0$ である.このとき N の部分集合であって可測なもの $L \subset N$ は $\mu(L) = 0$ であるが,可測でないものがあるやもしれぬ.$L' \subset N$ かつ L' 非可測.一般に非可測な部分集合は構成できるがこの場合のように先験的にその集合の測度が 0 となってほしい場合には,これらがすべて可測であることがのぞみである.このような不都合を生じさせない測度のことを**完備な測度**といいこのような測度空間 $(\Omega, \mathcal{M}, \mu)$ を完備測度空間という.上で定義した Lebesgue 可測集合全体の集合 $\mathcal{M}$ は Legesgue 測度 μ によって完備となり,$(\Omega, \mathcal{M}, \mu)$ は完備測度空間である.実際 N を可測な零集合とし L をその部分集合とする.すなわち $L \subset N \subset \Omega$ かつ $N \in \mathcal{M}$ で $\mu(N) = 0$.このとき特に任意の $E \subset \Omega$ に対して

$$m^*(E \cap L) \leq m^*(E \cap N) \leq m^*(N) = \mu(N) = 0.$$

従って任意の $E \subset \Omega$ に対して $E \setminus L \subset E$ だから外測度の単調性から

$$m^*(E \cap L) + m^*(E \setminus L) = 0 + m^*(E \setminus L) \leq m^*(E)$$

が成立して L は可測かつ,$\mu(L) = m^*(L) = 0$.すなわち以下が成立する.

定理 2.6（Lebesgue 測度空間の完備性） $\Omega \subset \mathbb{R}^n$ として $(\Omega, \mathcal{M}, \mu)$ を Lebesgue 測度 μ による測度空間とすると,これは完備測度空間となり,すべての零集合の部分集合は可測集合である.

<u>問題 18</u>.$\mathbb{R}^n$ の部分集合 A の Lebesgue 外測度が $m^*(A) = 0$ を満たすとき A の任意の部分集合 $B \subseteq A$ は可測集合であることを証明せよ.

任意の集合 $E \subset \mathbb{R}^n$ に対して $\mu^*(A) = 0$ より $\mu^*(E \cap A) \leq \mu^*(A) = 0$.さらに $\mu^*(E \setminus A^c) \leq \mu^*(E)$ 両者を加えて

$$\mu^*(E \cap A) + \mu^*(E \setminus A) \leq \mu^*(E).$$

よって A は可測である.測度の完備性から B も可測で $\mu(B) = 0$.

第 3 章
Lebesgue 積分

　前述したように Lebesgue 積分のアイディアは Riemann 積分のように函数グラフを縦に切って分けてグラフの体積を計算するのではなく，横に切ってそのスライス状の集合 (スライスと呼ぶことにする) の体積を集めてグラフの体積を求めるものである．このときのメリットは函数の値に制約をつけること (スライスする厚み) から函数の値方向の暴れ (変動) にあまり左右されずに積分を求めることができることである．すなわち Riemann 積分における $\sup f(x)$ や $\inf f(x)$ の値に煩わされない点が優れている．しかしながら Riemann 積分ではあまり問題にならなかったが底辺の面積に相当する「函数のグラフの横スライス」の面積の確定に対しては慎重な吟味を要する．特にひどい函数の場合スライスした集合 $\{x \in \Omega; f(x) > \lambda\}$ は測れないようなまともでないものになる恐れがある．そこでこのような集合に対して完全加法性を課した可測性を仮定して積分を構築することになる．これが函数の可測性である．

　以下 $(\Omega, \mu, \mathcal{M})$ を Lebesgue 測度による可測空間とする．この節では可測函数を定義してそれらに対する積分を導入する．

3.1　可測函数

　Ω 上で定義された函数 $f(x)$ に対して $\lambda \in \mathbb{R}$ として

$$E_f(\lambda) = \{x \in \Omega; f(x) > \lambda\}$$

を f の (上方) 分布集合 (distribution set) 乃至上半レベル集合 (upper level set) と呼ぶ．しばしば $E_f(\lambda)$ を $\{f > \lambda\}$ などと表したりする．

<u>定義</u>．すべての $\lambda \in \mathbb{R}$ に対して f の分布集合 $E_f(\lambda)$ が可測のとき，f を**可測函数**という．

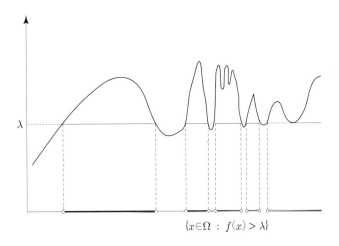

$$\{x \in \Omega \ : \ f(x) > \lambda\}$$

図 3.1　函数 f の上半集合の図.

例: 区間 $[0,1]$ 上で連続な函数 $f \in C([0,1])$ は可測である. まず f は閉区間 $[0,1]$ 上で連続であるから有界函数すなわち $f \in B([0,1])$ でもある. 従って $|\lambda| \le M = \sup |f(x)|$ について $E_f(\lambda)$ の可測性を考えればよい. f が連続ゆえ $\{x \in [0,1]; f(x) > \lambda\}$ は開集合[*1]. $\mathbb{R}$ に対する開集合の構造定理より $\{x \in [0,1]; f(x) > \lambda\}$ は可算個の連結した開区間の合併 $\displaystyle\bigcup_{k=1}^{\infty}(a_k, b_k)$ で表せる. 各開区間はもちろん可測であってその Lebesgue 測度は区間の長さ $|b_i - a_i|$ に一致する. よって $\{x \in [0,1]; f(x) > \lambda\}$ 自身も可測集合であり, 従って f は可測函数となる.

この事実はより一般の $\mathbb{R}^n$ にまで拡張される. しかしそのためには開集合や閉集合およびそれらの可算解の集合演算によって生成される集合全体の可測性を調べておく必要があろう. これは少々込み入った議論となるので後の章にゆずる[*2].

命題 3.1　Ω 上の函数 f が可測であることとは以下のいずれの条件とも同値である.
- (1) すべての $\lambda \in \mathbb{R}$ に対して $\{x \in \Omega; f(x) \le \lambda\}$ が可測.
- (2) すべての $\lambda \in \mathbb{R}$ に対して $\{x \in \Omega; f(x) \ge \lambda\}$ が可測.
- (3) すべての $\lambda \in \mathbb{R}$ に対して $\{x \in \Omega; f(x) < \lambda\}$ が可測.

命題 3.1 の証明.
- (1) は $\{x \in \Omega; f(x) \le \lambda\} = E_f(\lambda)^c$ であるから $E_f(\lambda)$ が可測であれば $\{x \in \Omega; f(x) \le \lambda\}$ も可測.

---

*1)　$E_f(\lambda)$ に対しては $\mathbb{R}$ 上の相対位相を入れている. すなわち $E_f(\lambda)$ が $[0,1]$, $[0,a)$, $(b,1]$ $(0 < a, b < 1)$ などのときも開集合と見なす.

*2)　5 章参照.

(2) も同様に $\{x \in \Omega; f(x) \geq \lambda\} = \cap_{n=1}^{\infty} \{x \in \Omega; f(x) > \lambda - 1/n\}$

　　実際 $\lambda \in \mathbb{R}$ を固定するたびにすべての $n = 1, 2, \cdots$ に対して $\{x \in \Omega; f(x) \geq \lambda\} \subset \{x \in \Omega; f(x) > \lambda - 1/n\}$ から $\{x \in \Omega; f(x) \geq \lambda\} \subset \cap_{n=1}^{\infty} \{x \in \Omega; f(x) > \lambda - 1/n\}$ は従う.

　　反対に $\lambda \in \mathbb{R}$ を固定して $f(x) < \lambda$ となる $x \in \Omega$ は $\lambda - f(x) > 1/2m$ なる自然数 m に対して $x \in \{x \in \Omega; \lambda - 1/m > f(x)\}$ となる. だから $x \notin \{x \in \Omega; f(x) > \lambda - 1/m\}$ となる. 他方 $f(x) = \lambda$ となる $x \in \Omega$ が双方に含まれることは明白.

(3) もその補集合をとればよい. □

命題 3.2 $f(x)\ g(x)$ が可測であるとき
(1) $f(x) \vee g(x) = \max(f(x), g(x))$,
(2) $f(x) \wedge g(x) = \min(f(x), g(x))$
はいずれも可測である.

命題 3.2 の証明. (1), (2) を同時に示す. 実際

$$E_{f \vee g}(\lambda) = \{x \in \Omega; \max(f(x), g(x)) > \lambda\}$$
$$= \{x \in \Omega; f(x) > \lambda\} \cup \{x \in \Omega; g(x) > \lambda\}$$

である. なぜならばもし $y \in \{x \in \Omega; \max(f(x), g(x)) > \lambda\}$ であれば $f(y) > \lambda$ または $g(y) > \lambda$ であるから $y \in \{x \in \Omega; f(x) > \lambda\} \cup \{x \in \Omega; g(x) > \lambda\}$. また反対に $y \in \{x \in \Omega; f(x) > \lambda\} \cup \{x \in \Omega; g(x) > \lambda\}$ であれば $f(y) > \lambda$ または $g(y) > \lambda$ であるからもし $f(y) \leq \lambda$ ならば $g(y) > \lambda$ でなければならない. このとき $f(y) < g(y)$ であるから $f(y) \vee g(y) = g(y) > \lambda$ よって $y \in \{x \in \Omega; f(x) \vee g(x) > \lambda\}$ これによって上半レベル集合が可測集合であることがわかるので $f \vee g$ も可測. $f \wedge g$ の場合も同様に

$$E_{f \wedge g}(\lambda) = \{x \in \Omega; \min(f(x), g(x)) > \lambda\}$$
$$= \{x \in \Omega; f(x) > \lambda\} \cap \{x \in \Omega; g(x) > \lambda\}$$

が成り立つことから可測性が証明される. □

命題 3.3 $f(x), g(x)$ がともに可測函数であるとき
(1) $cf(x)$ ただし $c \neq 0$,
(2) $f(x) \pm g(x)$,
(3) $|f(x)|,\ |f(x)|^2,\ 1/f(x)$,
(4) $f(x)g(x)$,
(5) $f(x)/g(x)$
はいずれも可測である.

命題 3.3 の証明.

(1) $c > 0$ と仮定して $\{cf(x) > \lambda\} = \{f(x) > \lambda/c\}$ とすれば f が可測函数なら $\{f(x) > \lambda/c\}$ は可測集合. よって $cf(x)$ も可測函数. $c < 0$ の場合は命題 3.2 (3) ($\{f(x) < \lambda\}$ が可測である) を用いる.

(2) 二つの可測函数の和について示す. それが示されれば差は (1) から従う.

$$\{x \in \Omega; f(x) + g(x) > \lambda\}$$
$$= \{x \in \Omega; f(x) > \lambda - g(x)\}$$
$$= \bigcup_{\sigma \in \mathbb{Q}} \{x \in \Omega; f(x) > \sigma\} \cap \{x \in \Omega; \sigma > \lambda - g(x)\}$$
$$= \bigcup_{s \in \mathbb{Q}} \{x \in \Omega; f(x) > \sigma\} \cap \{x \in \Omega; g(x) > \lambda - \sigma\}.$$

右辺は可算個の可測集合の集合演算なのでやはり可測. よって $f + g$ も可測.

(3) 命題 3.1 (1) (2) より f が可測なら $f_+ = \max(f, 0)$ と $f_- = -\min(f, 0)$ も可測. よって (2) より $|f| = f_+ + f_-$ も可測. さらに $\{|f(x)|^2 > \lambda\} = \{|f(x)| > \sqrt{\lambda}\}$ から右辺は可測函数. 同様に $\{1/f(x) > \lambda\} = \{f(x) < 1/\lambda\}$ より右辺は任意の λ について可測ゆえ左辺も可測.

(4) $fg = \frac{1}{2}\{(f + g)^2 - (f - g)^2\}$ なので右辺が可測であることを示せばよいが, (2) より $f(x) + g(x), f(x) - g(x)$ はともに可測さらに (3) より $(f + g)^2, (f - g)^2$ も可測. 最後に再び (2) より右辺が可測となる.

(5) (iii) より $1/g(x)$ も可測集合となるから (iv) より $f(x)/g(x)$ も可測.

$\square$

命題 3.4 $f_n(x)$ が可測函数列であるとき

(1) $\sup\limits_{n \geq 1} f_n(x),$

(2) $\inf\limits_{n} f_n(x),$

(3) $\varlimsup\limits_{n \to \infty} f_n(x),$

(4) $\varliminf\limits_{n \to \infty} f_n(x)$

はいずれも可測である.

命題 3.4 の証明. (1) f_n の level set については次のことがいえる

$$\left\{x \in \Omega; \sup_{n \geq 1} f_n(x) \leq \lambda\right\} = \bigcap_{n=1}^{\infty} \left\{x \in \Omega; f_n(x) \leq \lambda\right\}.$$

実際 $y \in \{x \in \Omega; \sup_{n \geq 1} f_n(x) \leq \lambda\}$ ならば任意の n に対して, $f_n(y) \leq \lambda$ となるから $y \in \bigcap_{n=1}^{\infty}\{x \in \Omega; f_n(x) \leq \lambda\}$. 一方 $y \in \bigcap_{n=1}^{\infty}\{x \in \Omega; f_n(x) \leq \lambda\}$ ならばすべての n について $f_n(y) \leq \lambda$ ゆえ $y \in \{x \in \Omega; \sup_{n \geq 1} f_n(x) \leq \lambda\}$

となる. 上の式の右辺は可測集合の可算回の共通部分ゆえ可測. よって命題 3.1 (3) より $\sup_n f_n$ も可測函数.

(2) $\inf_n f_n = -\sup_n(-f_n)$ ゆえ可測函数.

(3),(4) また $\varlimsup_{n\to\infty} f_n(x) = \inf_n \sup_{k\geq n} f_k(x)$ ゆえこれもまた可測. $\varliminf_{n\to\infty} f_n(x)$ も同様に $\sup_n \inf_{k\geq n} f_k(x)$ と表せて同様である. □

3.2 Lebesgue 積分の定義

以下可測函数の Lebesgue 積分を定義する.

<u>定義</u>. Ω 上の可測函数 f の絶対値 $|f|$ に対する可測集合 E 上の level set $E_{|f|}(\lambda) \cap E = \{x \in E; |f(x)| > \lambda\}$ の測度 $\mu(\{x \in E; |f(x)| > \lambda\})$ を f の**分布函数** (distribution function) あるいは上半レベル集合の測度と呼び $\mu_f(\lambda)$ と記す.

分布函数は一般に単調非増加函数であるが有界であるかどうかはわからない.

○ 以下混乱を招かない限り $E = \Omega$ として説明する.

<u>定義</u>. Ω 上の非負値な可測函数 $f(x) \geq 0$ に対して広義 Riemann 積分

$$\int_0^\infty \mu_f(\lambda)d\lambda \equiv \lim_{\substack{R\to\infty \\ \varepsilon\to 0}} \int_\varepsilon^R \mu_f(\lambda)d\lambda$$

が収束するとき f は **Lebesgue 可積分**であるといい, その極限を

$$\int_\Omega f(x)d\mu(x) \quad \text{または単に} \quad \int_\Omega f(x)dx$$

と表す. また非正値な f に対しては $-f$ に対して同様な定義を行い

$$\int_\Omega f(x)d\mu(x) = -\int_0^\infty \mu_f(\lambda)d\lambda$$

と定義する. 一般の f に対しては $f_+(x) = \max(f(x),0)$, $f_-(x) = -\min(f(x),0)$ (従って $f(x) = f_+(x) - f_-(x)$) と分解してそれぞれの積分を加える.

$$\int_\Omega f(x)d\mu(x) \equiv \int_0^\infty \mu_{f_+}(\lambda)d\lambda - \int_0^\infty \mu_{f_-}(\lambda)d\lambda.$$

<u>定義</u>. 特に Ω 上で

$$\int_\Omega |f(x)|d\mu(x) \equiv \int_0^\infty \mu_{f_+}(\lambda)d\lambda + \int_0^\infty \mu_{f_-}(\lambda)d\lambda$$

とおいたときに

$$\int_\Omega |f(x)|d\mu(x) < \infty$$

なる f を可積分函数と呼び，Ω 上，可積分な可測函数全体を $\mathcal{L}^1(\Omega)$ と記して **Lebesgue 可積分集合** (Lebesgue integrable space) あるいは単に $\mathcal{L}^1$ と呼ぶ．

以下の命題 3.7 などで述べるように $\mathcal{L}^1(\Omega)$ は線形空間となる．

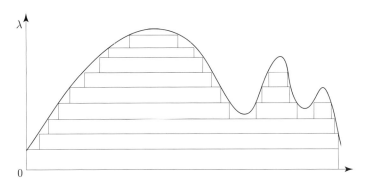

図 3.2　Lebesgue 積分の定義の図．

この定義は再三述べてきたように積分を函数のグラフの縦切りを寄せ集めるのではなく横にスライスした部分を寄せ集めて極限をとる方法によっている．事実 Riemann 積分の定義に立ち戻れば f を非負値可測として $\mathcal{R}$ を区間 $[\varepsilon, R]$ の m 分細分とすれば $I_k = [k/m, (k+1)/m)$ ただし $I_0 = [\varepsilon, 1/m)$，$I_M = [M/m, R]$ かつ $[\varepsilon, R] = \bigcup_{k=0}^{M} I_k$，

$$
\int_\varepsilon^R \mu_f(\lambda) d\lambda = \lim_{m \to \infty} \sum_{k=0}^{M} \mu_f \left(\frac{k}{m} \right) \times |I_k|
$$

$$
= \lim_{m \to \infty} \sum_{k=0}^{M} \mu \left(\left\{ x \in \Omega ; f(x) > \frac{k}{m} \right\} \right) |I_k|
$$

と表せる．しかし広義 Riemann 積分を単に横方向に実施しただけでは Lebesgue 積分を再現できない．測度が Jordan 測度から Lebesgue 測度に切り替わっていることにより函数のグラフの縦方向の変動に非常に強くなることが積分の拡大に至った本質である．

Lebesgue 積分の定義において，考える函数の定義域 Ω が有限測度 $\mu(\Omega) < \infty$ でかつ函数 f が有界 $|f(x)| \le M$ ならば定義の中の広義積分は通常の Riemann 積分となる．実際 $\mu(\Omega) < \infty$ だからすべての $\lambda \ge 0$ に対して $\mu(\{x \in \Omega ; |f(x)| > \lambda\}) < \infty$ でありかつ $|f(x)| \le M$ だから $t > M$ に対して $\mu(\{x \in \Omega ; |f(x)| > \lambda\}) = 0$ となる．つまり

$$
\mu_f(t) = \begin{cases} \text{有界}, & 0 \le \lambda \le M, \\ 0, & \lambda > M. \end{cases}
$$

従って定義における広義 Riemann 積分は，次のように通常の Riemann 積分に置き換わる．

$$\lim_{R\to\infty\varepsilon\to 0}\int_\varepsilon^R \mu_f(\lambda)d\lambda \Rightarrow \int_0^M \mu_f(\lambda)d\lambda.$$

また可積分函数 $f \in \mathcal{L}(\Omega)$ は Ω の測度 0 の部分集合 N をのぞいて $|f(x)| < \infty$ となる．

3.3 Lebesgue 積分の基本的性質

Lebesgue 積分のもっとも基本的な性質は，可積分函数は連続でその台 (support) がコンパクトな函数の列で，近似できるという事実である．その土台となるのは，すべての可積分函数は単函数で近似されるという事実にある．

<u>定義</u>．$\phi(x)$ が E 上で定義された**単函数** (simple function) であるとは互いに disjoint な可測部分集合 $\{A_k\}_{k=1}^N \subset E^{*3)}$ と数列 $\{c_k\}_{k=1}^N$ があって

$$\phi(x) = \sum_{k=1}^N c_k \chi_{A_k}(x)$$

と書けるとき．ただし $\chi_A(x)$ は集合 A の特性函数であって

$$\chi_A(x) = \begin{cases} 1, & x \in A, \\ 0, & x \notin A \end{cases}$$

である．

上記のように定義された単函数 $\phi(x)$ に対して

$$\int_E \phi(x)d\mu(x) = \sum_{k=1}^N c_k \cdot \mu(A_k)$$

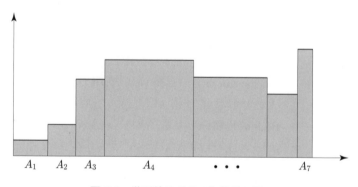

図 3.3 単函数のグラフと積分の図．

---

*3) ここでの各 A_k は矩形領域とは限らない．

である. これは直感的には明らか.

これを数学的にきちんと記そうとするといささか複雑になる. 以下のようになるだろうか. $E_{\phi_n(x)}(\lambda) = \{x \in \Omega; \phi_n(x) > \lambda\}$ に対して

$$\mu(E_{\phi_n}(\lambda)) = \sum_{c_k > \lambda \text{ なる } k} \mu(A_k)$$

であるから $c_0 = 0$ とおいて

$$\int_E \phi(x)d\mu(x)$$

$$= \int_0^\infty \mu(E_{\phi_n}(\lambda))d\lambda = \int_0^\infty \sum_{c_k > \lambda \text{ なる } k} \mu(A_k)d\lambda$$

(変数 λ の積分を N 個に分割して)

$$= \sum_{l=0}^{N-1} \int_{c_l < \lambda \le c_{l+1}} \sum_{c_k > c_l \text{ なる } k} \mu(A_k)d\lambda$$

(積分領域を $c_k \le \lambda$ とするとはじめの和が $\mathbb{R}^n$ となり得て困る)

$$= \sum_{l=0}^{N-1} \sum_{c_k > c_l \text{ なる } k} (c_{l+1} - c_l)\mu(A_k)$$

$$= \sum_{k-1=l=0}^{N-1} c_k\mu(A_k).$$

最後の k に関する和は $c_{l+1} - c_0 = c_{l+1}$ となり $A_{l+1} = \cup_{c_k \text{が等しい} k} A_k$ とおけば求める $\sum_{l=1}^N c_l\mu(A_l)$ と等しくなる.

以下で可積分函数は単函数の単調列で近似できるという重要な性質を示す.

命題 3.5 $f(x)$ が Ω 上で $f(x) \ge 0$ で可積分であるとする. このとき E 上で定義された, ある単調増加なる単函数列 $\{\phi_n(x)\}_{n=1}^\infty$ があって,
  (1) もし $f(x)$ が有界ならば Ω 上一様に $\phi_n(x) \nearrow f(x)$ とできる.
  (2) もし $f(x)$ が非有界でも, $\phi_n(x) \nearrow f(x) \ \forall x \in \Omega$ (各点収束) とできる.

命題 3.5 の証明. f が可積分とする.

$$A_{n,k} = \{x \in \Omega, k/2^n \le f(x) < (k+1)/2^n\},$$

$$A_{n,2^n n} = \Omega \setminus \left(\bigcup_{k=1}^{2^n n - 1} A_{n,k} \right),$$

$$k = 1, 2, \cdots, 2^n, \cdots, 22^n, \cdots 2^n n - 2, 2^n n - 1$$

として

$$\phi_n(x) \equiv \sum_{k=1}^{2^n n} \frac{k}{2^n} \chi_{A_{n,k}}(x)$$

とおくと $\phi_n(x)$ は明らかに単函数，かつ $n < m$ に対して各 $A_{m,k}$ は $A_{n,k}$ の細分となり，その上で $\phi_n(x) \le \phi_m(x)$ だから $n \to \infty$ で上に有界な単調増加列である．

(1) もし f が有界ならばある $N \in \mathbb{N}$ に対して $|f(x)| < N$ となり，$k \ge 2^n N$ に対して $A_{n,k} = \emptyset$. よってすべての $x \in \Omega = \cup_{k=1}^{2^n N - 1} A_{N,k}$ に対して $|f(x) - \phi_n(x)| < \frac{1}{2^n}$ だから $n \to \infty$ で Ω 上一様に $\phi_n(x) \to f(x)$.

(2) もし f が非有界でも $f(x) < \infty$ ならば

$$\Omega = \bigcup_{n \in \mathbb{N}} \{x \in \Omega ; n \ge f(x)\}$$

だから，すべての $x \in \cup_{k=1}^{2^n N - 1} A_{N,k}$ に対して $|f(x) - \phi_n(x)| < \frac{1}{2^n}$. よって $n \to \infty$ で $\lim_{n \to \infty} \{f(x) \le n\} = \Omega$ 上，$\phi_n(x) \to f(x)$. $f(x) = \infty$ なる点の集合 A_∞ がある場合でも $\phi_n(x) = n \to \infty$ となって一致すると見なせる． $\square$

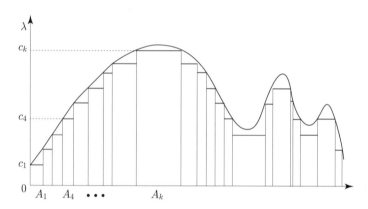

図 3.4 　函数の単函数近似の図．

命題 3.6 （1）Ω 上の互いに交わらない可測集合 E, F （$E \cap F = \emptyset$）と Ω 上で可積分な函数 f に対して

$$\int_E f(x)d\mu(x) + \int_F f(x)d\mu(x) = \int_{E \cup F} f(x)d\mu(x).$$

（2）f を Ω 上の (非負値) 可積分函数，B_k を互いに交わらない Ω 上の可測集合列とし $A = \cup_{k=1}^\infty B_k$ とおく．

$$\int_A f(x)d\mu(x) = \sum_{k=1}^\infty \int_{B_k} f(x)d\mu(x).$$

命題 3.6 の証明． （1）$f(x) \ge 0$ と仮定する．

$$\int_E f(x)d\mu(x) + \int_F f(x)d\mu(x)$$

$$= \int_0^\infty \mu(\{x \in E; f(x) > \lambda\})d\lambda$$

$$+ \int_0^\infty \mu(\{x \in F; f(x) > \lambda\})d\lambda$$

$$= \int_0^\infty \mu\Big(\{x \in E; f(x) > \lambda\} \cup \{x \in F; f(x) > \lambda\}\Big)d\lambda$$

$$= \int_0^\infty \mu(\{x \in E \cup F; f(x) > \lambda\})d\lambda$$

$$= \int_{E \cup F} f(x)d\mu(x).$$

一般の場合は $f = f_+ - f_-$ と分けて上記と同様にして

$$\int_E f_+(x)d\mu(x) + \int_F f_+(x)d\mu(x) = \int_{E \cup F} f_+(x)d\mu(x),$$

$$\int_E f_-(x)d\mu(x) + \int_F f_-(x)d\mu(x) = \int_{E \cup F} f_-(x)d\mu(x).$$

両辺を引き去れば

$$\int_E f(x)d\mu(x) \equiv \int_E f_+(x)d\mu(x) - \int_E f_-(x)d\mu(x)$$

だから求める等式を得る.

(2) $A = \bigcup_{k=1}^\infty B_k$ とする. (1) と同様に $f(x) \geq 0$ をと仮定する. 一般の場合は負の部分を独立に示して引き去る. f は Ω 上可積分なので特に A 上可積分である. 証明すべき式の左辺が可積分だから右辺は有限確定である. 実際 (1) を M 回用いることと $\bigcup_{k=1}^M B_k \subset A$ から $A = \left(\bigcup_{k=1}^M B_k\right) \cup A \setminus \left(\bigcup_{k=1}^M B_k\right)$ なので (1) と各領域の積分の非負性から

$$\sum_{k=1}^M \int_{B_k} f(x)d\mu(x) = \int_{\bigcup_{k=1}^M B_k} f(x)d\mu(x) \leq \int_A f(x)d\mu(x), \quad k = 1, 2, \cdots$$

が成り立ち任意の $M \in \mathbb{N}$ に対して左辺は単調増大列で上に有界だから $M \to \infty$ で収束し

$$\sum_{k=1}^\infty \int_{B_k} f(x)d\mu(x) \leq \int_A f(x)d\mu(x) \tag{3.1}$$

が成り立つ[*4]. 従って f の可積分性から示すべき等式の右辺は有限確定である.

他方, 測度の正値性から単調な有界列の収束性を用いて和を表に出す. すな

[*4] この式の右辺に対して $f(x)\chi_{\bigcup_k B_k}(x)$ として単調収束定理を用いると両辺の極限が等しいことがわかるが, ここでの結果 (命題 3-6(2)) を単調収束定理の証明に用いるのでこの方法は使えない.

わちすべての $\lambda > 0$ に対して $\mu_f(\lambda) < \infty$ である．Lebesgue 測度の完全加法性から

$$\int_A f(x)d\mu(x) = \int_0^\infty \mu(\{x \in \bigcup_{k=1}^\infty B_k; f(x) > \lambda\})d\lambda$$

$$= \int_0^\infty \mu\Big(\bigcup_{k=1}^\infty \{x \in B_k; f(x) > \lambda\}\Big)d\lambda$$

(ここに完全加法性を用いる)

$$= \int_0^\infty \sum_{k=1}^\infty \mu(\{x \in B_k; f(x) > \lambda\})d\lambda.$$

いま $0 < \eta < 1$ に対して積分を

$$\int_0^\infty \sum_{k=1}^\infty \mu(\{x \in B_k; f(x) > \lambda\})d\lambda$$

$$= \left(\int_0^\eta + \int_\eta^{\eta^{-1}} + \int_{\eta^{-1}}^\infty\right) \sum_{k=1}^\infty \mu(\{x \in B_k; f(x) > \lambda\})d\lambda$$

に分解する．特に任意の $\varepsilon > 0$ に対して $\eta > 0$ を十分小さく選べば特異積分の定義から

$$\left(\int_0^\eta + \int_{\eta^{-1}}^\infty\right) \sum_{k=1}^\infty \mu(\{x \in B_k; f(x) > \lambda\})d\lambda \le \varepsilon \qquad (\eta \to 0)$$

である．こうした η を固定する．他方 $\lambda > \eta$ ならば $\mu(\{x \in B_k; f(x) > \lambda\})$ は λ について単調減少だから Riemann 積分の加法性から

$$0 \le \int_\eta^{\eta^{-1}} \sum_{k=1}^M \mu(\{x \in B_k; f(x) > \lambda\})d\lambda$$

$$+ \int_\eta^{\eta^{-1}} \sum_{k=M+1}^\infty \mu(\{x \in B_k; f(x) > \lambda\})d\lambda < \infty$$

であって，被積分函数が $\eta > 0$ を固定するごとに $\varepsilon > 0$ に対して $M > 0$ を十分大きく選んで

$$\int_\eta^{\eta^{-1}} \sum_{k=M+1}^\infty \mu(\{x \in B_k; f(x) > \lambda\})d\lambda \le \varepsilon \qquad (M \to \infty)$$

とできる (さもないと $M \gg 1$ で $\displaystyle\sum_{k=M+1}^\infty$ の積分が下から持ち上がる M が存在すると $\displaystyle\sum_{k=1}^\infty$ の積分全体が発散してしまう)．

以上をまとめると十分小さい $\varepsilon > 0$ に対してある $\eta > 0$ が存在して，M を十分大きく選べば

$$\int_A f(x)d\mu(x)$$

$$= \int_0^\infty \sum_{k=1}^\infty \mu(\{x \in B_k; f(x) > \lambda\})d\lambda$$

$$= \left(\int_0^\eta + \int_{\eta^{-1}}^\infty\right) \sum_{k=1}^\infty \mu(\{x \in B_k; f(x) > \lambda\})d\lambda$$

$$+ \int_\eta^{\eta^{-1}} \sum_{k=1}^M \mu(\{x \in B_k; f(x) > \lambda\})d\lambda$$

$$+ \int_\eta^{\eta^{-1}} \sum_{k=M+1}^\infty \mu(\{x \in B_k; f(x) > \lambda\})d\lambda$$

(第 2 項の k についての和は有限個だから Riemann 積分の加法性より)

$$\leq 3\varepsilon + \sum_{k=1}^M \int_\eta^{\eta^{-1}} \mu(\{x \in B_k; f(x) > \lambda\})d\lambda$$

(各被積分函数の非負性を用いて)

$$\leq 3\varepsilon + \sum_{k=1}^M \int_0^\infty \mu(\{x \in B_k; f(x) > \lambda\})d\lambda$$

$$\leq 3\varepsilon + \sum_{k=1}^\infty \int_{B_k} f(x)d\mu(x). \tag{3.2}$$

(3.2) の不等式の最左辺と最右辺に η と M が含まれないため, $\varepsilon > 0$ は任意に選べる. 依って (3.1) と合わせて示したい等式を得る. $\square$

注意: この命題 3.6 (2) により非負値函数 $f(x)$ によって $\nu(E) = \int_E f(x)d\mu(x)$ は測度を定義することがわかる. 特に $A \in \mathcal{M}$ が Lebesgue 可測集合ならば A は ν - 可測集合である. 事実 $\nu(\emptyset) = \int_\emptyset f(x)d\mu(x) = 0$ かつ正値なのは明白. A が Lebesgue 可測ならば任意の部分集合 E に対して $\mu(E) = \mu(E \cap A) + \mu(E \cap A^c)$ である. 特に $\mu(E \cap E_f(t)) = \mu(E \cap E_f(t) \cap A) + \mu(E \cap E_f(t) \cap A^c)$ だから積分の定義から

$$\int_E f(x)d\mu(x) = \int_{E \cap A} f(x)d\mu(x) + \int_{E \cap A^c} f(x)d\mu(x).$$

すなわち $\nu(E) = \nu(E \cap A) + \nu(E \cap A^c)$ よって A は ν -可測といえる.

> 命題 3.7 Ω 上の可測集合 E 上で可測な函数 $f(x)$ が絶対可積分であることと $|f(x)|$ が可積分であることは同値である.

命題 3.7 の証明. f が絶対可積分であるとするとそれは

$$\int_0^\infty \mu_{f_+}(\lambda)d\lambda, \quad \int_0^\infty \mu_{f_-}(\lambda)d\lambda,$$

がいずれも有限であることを意味する. 特に任意の $\lambda > 0$ に対して $E_{f_+}(\lambda)$

$= \{x \in E; f_+(x) > \lambda\}$ と $E_{f_-}(\lambda) = \{x \in E; f_+(x) > \lambda\}$ ($f_-(x)$ は定義から非負に注意) は互いに素, i.e. $E_{f_+}(\lambda) \cap E_{f_-}(\lambda) = \emptyset$ だから

$$E_{|f|}(\lambda) \equiv \{x \in E; |f(x)| > \lambda\} = E_{f_+}(\lambda) \cup E_{f_-}(\lambda).$$

特に測度の加法性から

$$\mu_{|f|}(\lambda) = \mu_{f_+}(\lambda) + \mu_{f_-}(\lambda).$$

広義 Riemann 積分の加法性から

$$\int_E |f(x)| d\mu(x) = \int_0^\infty \mu_{|f|}(\lambda) d\lambda = \int_0^\infty \big(\mu_{f_+}(\lambda) + \mu_{f_-}(\lambda)\big) d\lambda$$
$$= \int_E f_+(x) d\mu(x) + \int_E f_-(x) d\mu(x).$$

□

Lebesgue 積分は Riemann 積分の基本的な性質をそのまま引き継いでいる. 以下でこのことを確認する.

命題 3.8 Ω 上の可測集合 E 上で f と g は共に可測とする.

(1) f, g が共に可積分で $g(x) \le f(x)$ ならば

$$\int_E g(x) d\mu(x) \le \int_E f(x) d\mu(x).$$

また g が可積分とわからない場合でも $|g(x)| \le |f(x)|$ ならば

$$\int_E |g(x)| d\mu(x) \le \int_E |f(x)| d\mu(x)$$

が成り立ち, g は可積分となる.

(2) 任意の $a \in \mathbb{R}$ に対して

$$\int_E a f(x) d\mu(x) = a \int_E f(x) d\mu(x).$$

(3) 特に

$$\left| \int_E f(x) d\mu(x) \right| \le \int_E |f(x)| d\mu(x).$$

(4) $\mu(E) < \infty$ かつ $f(x)$ が有界, $g(x)$ が可積分ならば

$$\Rightarrow \quad \int_E (f(x) + g(x)) d\mu(x) = \int_E f(x) d\mu(x) + \int_E g(x) d\mu(x).$$

命題 3.8 の証明.

(1) $g(x) \le 0 \le f(x)$ であれば自明. $0 \le g(x)$ とする. $g(x) \le f(x)$ より $\{x; g(x) > \lambda\} \subset \{x; f(x) > \lambda\}$, 従って $\mu_g(\lambda) \le \mu_f(\lambda)$. これより積分の定義から

$$\int_E g(x) d\mu(x) \le \int_E f(x) d\mu(x).$$

一般の場合は $f = f_+ - f_-,\ g = g_+ - g_-$ と分解してみると $0 \leq g_+$ $= \max(g, 0) \leq \max(f, 0) = f_+,\ g_- = -\min(g, 0) \geq -\min(f, 0) = f_- \geq 0$ だから上の議論より

$$\int_E g_+(x)d\mu(x) \leq \int_E f_+(x)d\mu(x),$$
$$\int_E g_-(x)d\mu(x) \geq \int_E f_-(x)d\mu(x).$$

辺々引き算すればよい.

(2) $a = 0$ ならば両辺は 0 である. $a > 0$ と仮定する. f を非負として示す. f は非負だから $|f| = f$, よって

$$\mu_{af}(t) = \mu(\{x \in E; af(x) > \lambda\}) = \mu(\{x \in E; f(x) > \lambda/a\}).$$

よって置換積分により

$$\int_E af(x)d\mu(x) = \int_0^\infty \mu_{af}(\lambda)d\lambda = \int_0^\infty \mu_f(\lambda/a)d\lambda$$
$$= \int_0^\infty \mu_f(\lambda)ad\lambda = a\int_E f(x)d\mu(x)$$

である. $a < 0$ のときは $b = -a$ と置き換えて同様に成立を示せる. f が非正値のときはやはり $g = -f$ と置き換えて同様. 最後に両者を加えて一般の f と a について示せる.

(3) $f_+(x) - f_-(x) \leq f_+(x) + f_-(x)$ かつ $|f(x)| = f_+(x) + f_-(x)$ より (1) から

$$\int_E f(x)d\mu(x) = \int_E f_+(x)d\mu(x) - \int_E f_-(x)d\mu(x)$$
$$\leq \int_E f_+(x)d\mu(x) + \int_E f_-(x)d\mu(x) \equiv \int_E |f(x)|d\mu(x).$$

同様に $-f_+(x) \leq f_+(x)$ を用いれば,

$$\int_E f(x)d\mu(x) = \int_E f_+(x)d\mu(x) - \int_E f_-(x)d\mu(x)$$
$$\geq -\int_E f_+(x)d\mu(x) - \int_E f_-(x)d\mu(x) = -\int_E |f(x)|d\mu(x).$$

従って

$$\left|\int_E f(x)d\mu(x)\right| \leq \int_E |f(x)|d\mu(x).$$

(4) $f(x) + g(x) = f_+(x) + g_+(x) - (f_-(x) + g_-(x))$ より f と g がともに非負として示せばよい. いま命題 3.5 より f を近似する単調増加なる単函数列 $f_n(x)$ が存在し $f_n(x) \to f(x)$ である.

このとき

$$\int_E (f_n(x) + g(x))d\mu(x) = \int_E f_n(x)d\mu(x) + \int_E g(x)d\mu(x)$$

を示す. 実際

$$f_n(x) = \sum_k c_k \cdot \chi_{A_k}(x)$$

とおけるとすると

$$\int_E f_n(x)d\mu(x) = \sum_k c_k \cdot \mu(A_k). \tag{3.3}$$

A_k は互いに交わらない可測集合列だから命題 3.6 より

$$\int_E (f_n(x) + g(x))d\mu(x) = \sum_k \int_{A_k} (f_n(x) + g(x))d\mu(x). \tag{3.4}$$

ここで任意の $t > 0$ に対して

$$\mu(\{x \in \Omega; c_k + g(x) > \lambda\}) = \mu(\{x \in \Omega; g(x) > \lambda - c_k\})$$

だから

$$\int_{A_k} (f_n(x) + g(x))d\mu(x) = \int_{A_k} (c_k + g(x))d\mu(x)$$
$$= \int_0^\infty \mu(\{g > \lambda - c_k\} \cap A_k)d\lambda$$
$$= \int_{-c_k}^\infty \mu(\{g > \lambda\} \cap A_k)d\lambda.$$

ここで g は非負だから $0 > g(x) > -c_k$ なる x の積分領域は A_k と一致する. すなわち (3.3) から

$$\int_{A_k} (f_n(x) + g(x))d\mu(x) = c_k \cdot \mu(A_k) + \int_0^\infty \mu(\{g > \lambda\} \cap A_k)d\lambda$$
$$= \int_{A_k} f_n(x)d\mu(x) + \int_{A_k} g(x)d\mu(x).$$

よって (3.4) と命題 3.6 (2) から

$$\int_E (f_n(x) + g(x))d\mu(x) = \int_E f_n(x)d\mu(x) + \int_E g(x)d\mu(x) \tag{3.5}$$

を得る.

最後に

$$\lim_{k \to \infty} \int_E (f_n(x) + g(x))d\mu(x) = \int_E (f(x) + g(x))d\mu(x)$$

を示す. ここから先は, 次の節の単調収束定理 (命題 4.1) を用いれば, 厳密にかつより広い範囲で, 証明可能である. ここでは簡単のため, 以下の説明をつける. なお単調収束定理 (命題 4.1) では函数の和に関する性質を一部用いるが, それは以上で証明済みの部分のみで (すなわち一方が単函数の場合) 一般の場合のこの命題を必要としない点に注意する.

任意の $x \in E$ 上で $f_n(x) + g(x) \le f(x) + g(x)$ だから

$$\int_E (f_n(x) + g(x))d\mu(x) \le \int_E (f(x) + g(x))d\mu(x).$$

かつ $f_n(x) + g(x) \nearrow f(x) + g(x)$ $(n \to \infty)$ だから

$$\int_E (f_n(x) + g(x))d\mu(x)$$

は上に有界な単調増加列．よって収束し，単函数 $f_n(x)$ の作り方から $0 \le f(x) - f_n(x) \le 1/2^n$ とできるので

$$\left| \int_E (f_n(x) + g(x))d\mu(x) - \int (f(x) + g(x))d\mu(x) \right|$$

$$= \left| \int_0^\infty \mu(\{f_n(x) + g(x) > \lambda\})dt - \int_0^\infty \mu(\{f(x) + g(x) > \lambda\})dt \right|$$

(ここでの積分は (広義) Riemann 積分だから線形ゆえ)

$$= \left| \int_0^\infty \left(\mu(\{f(x) + g(x) > \lambda\}) - \mu(\{f_n(x) + g(x) > \lambda\}) \right) d\lambda \right|.$$

$f(x) \ge f_n(x)$ に注意して $\{x; f(x) + g(x) > \lambda\} \setminus \{x; f_n(x) + g(x) > \lambda\} = \{x; f(x) + g(x) > \lambda \ge f_n(x) + g(x)\}$ だから

$$= \int_0^\infty \mu\left(\{f(x) + g(x) > \lambda \ge f_n(x) + g(x)\} \right) d\lambda$$

$$\le \int_0^\infty \mu(\{f(x) + g(x) > \lambda \ge f(x) + g(x) - 1/2^n\})d\lambda$$

($f_n(x) > f(x) - 1/2^n$ なので)

$$= \int_0^\infty \int_E \chi_{\{f(x)+g(x)>\lambda>f(x)+g(x)-1/2^n\}}(x)dxd\lambda$$

$$= \int_E \int_{f(x)+g(x)-1/2^n}^{f(x)+g(x)} \chi_{\{f(x)+g(x)>\lambda>f(x)+g(x)-1/2^n\}}(x)d\lambda dx$$

$$= \int_E \int_0^{1/2^n} \chi_E(x)d\lambda dx$$

($\{f(x) + g(x) > \lambda > f(x) + g(x) - 1/2^n\} \subset E$ なので)

$$\le \int_E \int_0^{1/2^n} dtdx \le \frac{\mu(E)}{2^n} \to 0 \qquad n \to \infty.$$

特に $g(x) = 0$ ととれば

$$\int_E f_n(x)d\mu(x) \to \int_E f(x)d\mu(x)$$

だから (3.5) において $n \to \infty$ とすればよい. $\qquad \square$

注意: 命題 3.8 (4) において仮定した $\mu(E) < \infty$ は続く節の Beppo Levi の単調収束定理 (命題 4.1) を用いることによって σ 有限な E に拡張できる.

<u>定義</u>. f が E 上可測である $0 < p < \infty$ に対して

$$\int_E |f(x)|^p d\mu(x) < \infty$$

となるとき f を p 乗可積分函数であるという.

定理 3.9（**Chebyshev の不等式**）　E 上で p 乗可積分である f に対して $\lambda > 0$ と $p > 0$ に対して

$$\mu(\{x \in E; |f(x)| > \lambda\}) \le \frac{1}{\lambda^p} \int_E |f(x)|^p d\mu(x)$$

が成り立つ[*5].

定理 3.9 の証明. $E_f(\lambda) = \{x \in E; |f(x)| > \lambda\}$ 上 $\lambda^p < |f(x)|^p$ であるから命題 3.7 (1) より

$$\lambda^p \mu(E_f(\lambda)) = \int_{E_f(\lambda)} \lambda^p d\mu(x) \le \int_{E_f(\lambda)} |f(x)|^p d\mu(x) \le \int_E |f(x)|^p d\mu(x).$$

$\square$

<u>定義</u>. $(\Omega, \mu, \mathcal{M})$ を測度空間, 事象 P を満たす集合 $A \subset \Omega$ を可測とする. "ほとんどいたるところ P が起こる" とは集合 $A^c = \{x \in \Omega; P$ が起こらない $\}$ に対して

$$\mu(A^c) = 0$$

P.L. Chebyshev

が成り立つとき. 特に P a.e. (almost everywhere) あるいは P for a.a. $x \in \Omega$ (almost all $x \in \Omega$) と記す[*6]. μ が確率測度すなわち $\mu(\Omega) = 1$ のとき, ほとんど確か (almost surely) という.

<u>例 1</u>: $f(x): \mathbb{R} \to \mathbb{R}$ が可測のとき, ほとんどいたるところ $|f(x)| < \infty$ であるとは

$$`\mu(\{x \in \mathbb{R}; |f(x)| = \infty\})' = \mu(\bigcap_{n \in \mathbb{N}} \{x \in \mathbb{R}; |f(x)| > n\}) = 0.$$

<u>例 2</u>: f が $\mathbb{R}^n$ 上 Lebesgue 可積分であるとき $f(x)$ はほとんどいたるところで

$$|f(x)| < \infty$$

である. 実際 Chebyshev の不等式 (定理 3.9) から任意の自然数 N に対して

[*5]　Pafnuty Levovich Chebyshev (1821–1894). ロシアの数学者. D. Grave, A Markov や A. Lyapunov らを指導した.

[*6]　フランス語では presque partout 略して p.p., 日本語では hotondo itarutokoro, 略して h.i. あるいは h.i.t. か? それともやっぱりホ. イ. だろうか?

$$\mu(\{x \in \mathbb{R}; |f(x)| = \infty\}) = \mu(\bigcap_{n \in \mathbb{N}} \{x \in \mathbb{R}; |f(x)| > n\})$$

$$\leq \mu(\{x \in \mathbb{R}; |f(x)| > N\})$$

$$\leq \frac{1}{N} \int_{\mathbb{R}^n} |f(x)| d\mu(x).$$

よって $N \to \infty$ より

$$\mu(\bigcap_{n \in \mathbb{N}} \{x \in \mathbb{R}; |f(x)| > n\}) = 0$$

が従う.

例 3: $f(x) : \mathbb{R} \to \mathbb{R}_+$ が非負で可測かつ

$$\int_{\mathbb{R}} f(x) d\mu(x) = 0$$

となるとき $f(x)$ は $\mathbb{R}$ 上ほとんどいたるところ 0, すなわち

$$f(x) = 0, \text{ a.e.}$$

となる. 実際

$$\int_0^\infty \mu\big(\{x \in \mathbb{R}; f(x) > \lambda\}\big) d\lambda = 0$$

と分布関数 $\mu_f(\lambda)$ の単調性から

$$\mu\big(\{x \in \mathbb{R}; f(x) > \lambda\}\big) = 0, \quad \forall \lambda > 0$$

(どこかの $\lambda_0 > 0$ で一旦正になるとそれより小さいすべての $0 < \lambda < \lambda_0$ で正になり積分が 0 でなくなる). すると

$$\mu\big(\{x \in \mathbb{R}; f(x) \neq 0\}\big) = \mu\Big(\bigcup_{\lambda > 0} \{x \in \mathbb{R}; f(x) > \lambda\}\Big)$$

$$= \mu\Big(\bigcup_{n \in \mathbb{N}} \{x \in \mathbb{R}; f(x) > n^{-1}\}\Big)$$

$$\leq \sup_{n \in \mathbb{N}} \mu\Big(\{x \in \mathbb{R}; f(x) > n^{-1}\}\Big) = 0.$$

例 4: Dirichlet 函数:

$$d(x) = \begin{cases} 1, & x \in [0,1] \cap \mathbb{Q}, \\ 0, & x \in \text{otherwise} \end{cases}$$

とすると $d(x)$ はほとんどいたるところ 0. 実際

$$\mu\big(\{x \in [0,1]; d(x) \neq 0\}\big) = \mu\big(\{x \in [0,1] \cap \mathbb{Q}\}\big) = 0.$$

例 5: Cantor 函数: $C \subset (0,1)$ を 2.3 節 (p.51) で定義した Cantor 集合とす

る．Cantor 函数 $C(x)$ を，各ステップで取り除く区間を J_k としたときに J_k に含まれる数を 3 進法で表して $2 \to 1$ と置き換えたものを 2 進法で表し

$$C(x) = \begin{cases} \text{小数点以下 } k \text{ 位で打ち切った数,} & x \notin C, \\ \text{左極限,} & x \in C \end{cases}$$

と定義する．例えば $(1/3, 2/3) \not\subset C$ なのでこの区間上 $C(x) = 1/2$ とする．$x \in (1/9, 2/9)$ のときは $C(x) = 1/4$ と選ぶ．$x \in (7/9, 8/9)$ のときは $C(x) = 3/4$ などと選ぶ．

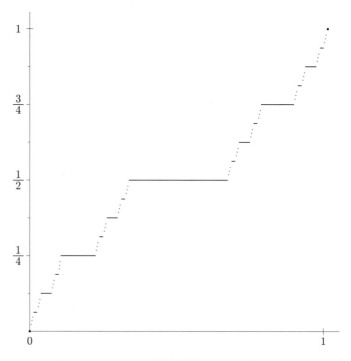

図 3.5　Cantor の悪魔の階段のグラフ (概略図).

　このとき $C(x)$ は単調増加函数であり，さらに至るところ連続函数となる．特に除外集合である Cantor 集合 C 以外のいたるところ定数であるから，ほとんどいたるところ微分可能で $C'(x) = 0$ である．(実は有限区間内の単調函数は，ほとんどいたるところ微分可能となることがのちにわかる．Cantor 集合が非可算無限集合であることに注意せよ.)

第 4 章
Lebesgue 積分と収束定理

Riemann 積分を Lebesgue 積分に拡張した最大の利点は極限と積分の交換がかなり緩い条件の元で可能となった点にある．Riemann 積分の場合は函数列 $f_n(x)$ がある極限函数 $f(x)$ に各点で収束したとしてもその積分 $\int f_n(x)dx$ が極限の積分 $\int f(x)dx$ に収束するためには，例えば $f_n(x) \to f(x)$ が積分区間で一様収束するような条件が必要であった．

Lebesgue 積分では横割りの (スライス化) の merit で函数の縦方向の変動に関する制約が弱まったためこの条件がかなりゆるくなる．以下順を追って函数列の収束定理を述べることにする．そしてその結果として可積分となる函数の集合が実数の完備という概念を引き継ぎ函数空間それ自身が完備である (Riesz-Fischer の定理) というきわめて重要な概念を導き出す．

Beppo Levi

4.1 Beppo Levi の単調収束定理

<u>定義</u>．全体集合 Ω が測度 μ について σ 有限 (σ-finite) であるとは，ある可算可測集合列 A_n $(n = 1, 2, \cdots)$ がとれて各 A_n に対して $\mu(A_n) < \infty$ かつ $\Omega \subset \cup_n A_n$ とできるとき．

$\mathbb{R}^n$ 上の部分集合に対してルベーグ測度を考えればそれは σ 有限となることは $A_{k_m} = C_k(m)$, $k \in \mathbb{N}$, $m \in \mathbb{N}$ ととればよいのですぐわかる．

$\mathbb{R}^n$ の任意の可測部分集合はルベーグ測度について σ 有限である．

命題 4.1（**Beppo Levi の補題・単調収束定理**）　E を (σ 有限な)$\mathbb{R}^n$ の可測集合，$f_n(x)$ は E 上非負可積分函数列で単調増大，すなわち $f_k \in \mathcal{L}^1(E)$

かつ E 上ほとんどいたるところ

$$0 \leq f_1(x) \leq f_2(x) \leq \cdots f_k(x) \leq \cdots \quad x \in E, \quad \text{a.e.}$$

が成り立つとし，

$$\sup_n \int_E f_n(x)d\mu(x) < \infty$$

と仮定する．このとき，ある E 上可積分函数 f が存在して

$$f_n(x) \to f(x) \qquad n \to \infty, \quad \text{a.e. in } E$$

となり

$$\int_E f_n(x)d\mu(x) \to \int_E f(x)d\mu(x) \quad \text{as } n \to \infty$$

が成り立つ．

　単調収束定理は Beppo Levi[*1] の論文 (1906) に Lebesgue の収束定理に対する補完 (批判) として発表された．今日では Lebesgue の定理より先に紹介されることが多い[*2]．

注意: 仮定に極限函数 $f(x)$ の存在も可測性も可積分性も要求していない点に注意せよ．特に f_n の正値性と単調性から

$$\int_E |f_n(x) - f(x)|d\mu(x) \to 0 \quad \text{as } n \to \infty$$

が従う．

命題 4.1 の証明.

　〈Step 1〉仮定よりほとんどいたるところ

$$0 \leq f_1(x) \leq f_2(x) \leq \cdots f_k(x) \leq \cdots$$

が成り立つので，成り立たない点 (一つでも不等式の成立しない点) の集合は零集合である．これを $\mathcal{N}$ とおけば，考えるべき集合は $E \setminus \mathcal{N}$ であり，$\mathcal{N}$ 上の積分は $\mu(\mathcal{N}) = 0$ から除外できる．よって始めから $\mathcal{N} = \emptyset$ としてよい．E は σ 有限な可測集合ゆえ $\mu(E_k) < \infty$，$\cup_k E_k = E$ となる互いに交わらない部分有界可測集合族 $\{E_k\}_k$ に分解できる．各 E_k を新たに E と考え直すことにより $\mu(E) < \infty$ と仮定して一般性を失わない．

　〈Step 2〉$\{f_n(x)\}_n$ は各 $x \in E$ を固定するごとに単調数列であり，($f_n(x) \to \infty$ ($n \to \infty$) となる点 $x \in E$ も許す[*3]ことにして) $f(x)$ に対して $f_n(x) \to f(x)$ ($n \to \infty$) とする．いま

[*1]　Beppo Levi (1875–1961)．イタリアの数学者．代数幾何と積分論に業績がある．後年はアルゼンチンで過ごした．

[*2]　このためフランスでは Beppo Levi の名前が収束定理の周辺で語られることが少ない．

[*3]　$f_n(x) \to \infty$ を $f_n(x) \to f(x)$ と見なす．

$$\{x \in E; f_n(x) > \lambda\} \subset \{x \in E; f(x) > \lambda\} \qquad (^{\forall}\lambda > 0)$$

であって $\mu_{f_n}(\lambda)$ は n について単調増大 (非減少) である. 特に

$$\varliminf_{n \to \infty} \{x \in E; f_n(x) > \lambda\} = \bigcup_{n \in \mathbb{N}} \bigcap_{k \geq n} \{x \in E; f_k(x) > \lambda\}$$

$$(\{x \in E; f_k(x) > \lambda\} \text{ は } k \text{ について単調増大集合だから})$$

$$= \bigcup_{n \in \mathbb{N}} \{x \in E; f_n(x) > \lambda\}$$

$$= \{x \in E; f(x) > \lambda\}, \qquad \lambda > 0, \quad \text{a.e.}$$

$$\text{(4.1)}$$

(実際: "$\subset$" は $f_n(x)$ の単調性から明らか. "$\supset$" は任意の $x \in E$ に対して $\infty > f(x) > \lambda$ ならば, $\varepsilon = f(x) - \lambda > 0$ とおいて, ある十分大きい n について $f_n(x) > f(x) - \varepsilon = \lambda$ とできるから. もし $f(x) = \infty$ ならば $f_n(x) \to \infty$ $(n \to \infty)$ となるからいずれかの n_1 で $f_{n_1}(x) > \lambda$ が成り立ち "$\supset$" が成り立つ.)

従って $f(x)$ は E 上, 可測である. 集合 $\{x \in E; f_n(x) > \lambda\}$ は $n \to \infty$ で単調増大集合だから, 等式 (4.1) に対して, 命題 2.1 の (3) と Chebyshev の不等式 (定理 3.9) を用いれば, 任意の $\lambda > 0$ に対して

$$\mu\big(\{x \in E; f(x) > \lambda\}\big) = \mu\big(\varliminf_{n \to \infty} \{x \in E; f_n(x) > \lambda\}\big)$$

$$= \mu\big(\bigcup_{n \in \mathbb{N}} \{x \in E; f_n(x) > \lambda\}\big)$$

$$= \lim_{n \to \infty} \mu\big(\{x \in E; f_n(x) > \lambda\}\big) \qquad \text{(4.2)}$$

$$\leq \frac{1}{\lambda} \lim_{n \to \infty} \int_E f_n(x) d\mu(x)$$

$$\leq \frac{1}{\lambda} \sup_n \int_E f_n(x) d\mu(x) < \infty.$$

特に任意の $k \in \mathbb{N}$ に対して

$$\mu\Big(\bigcap_{N \in \mathbb{N}} \{x \in E; f(x) > N\}\Big) \leq \mu\big(\{x \in E; f(x) > k\}\big)$$

$$\leq \frac{1}{k} \sup_n \int_E f_n(x) d\mu(x).$$

左辺は k によらないことから $f(x)$ はほとんどいたるところの点で有限であって

$$f_n(x) \to f(x) < \infty \qquad n \to \infty \qquad \text{a.e. in } E$$

となる.

〈Step 3〉任意の $\lambda > 0$ に対して $E_{f_n}(\lambda) = \{x \in E; f_n(x) > \lambda\}$ の単調性 $E_{f_n}(\lambda) \subset E_{f_m}(\lambda)$ $(n < m)$ から

$$\mu_{f_n}(\lambda) \le \mu_{f_{n+1}}(\lambda) \le \cdots \le \mu_f(\lambda), \qquad {}^\forall \lambda > 0.$$

任意の $\varepsilon > 0$ を固定して $M_k = \bigcap_{n \ge k} \{x \in E; f_n(x) \ge f(x) - \varepsilon\}$ とおく[*4)]. M_k は可測集合 $\{x \in E; f_n(x) \ge f(x) - \varepsilon\}$ の可算共通集合ゆえ可測. また M_k は k について単調増大集合であって $f_n \to f \ (n \to \infty)$ a.e. より

$$\lim_{k \to \infty} M_k = E \quad \text{a.e.} \qquad (\mu(E \setminus M_k) \to 0 \text{ である.}) \tag{4.3}$$

$k \in \mathbb{N}$ を任意に固定し任意の $n \ge k$ に対して，$M_k \subset E$ と $f_n \ge 0$ より

$$\int_E f_n(x) d\mu(x) \ge \int_{M_k} f_n(x) d\mu(x) \ge \int_{M_k} (f(x) - \varepsilon) d\mu(x)$$
$$= \int_{M_k} f(x) d\mu(x) - \varepsilon \mu(M_k).$$

ここで二つの函数の「和の積分」が「積分の和」になることを用いた (命題 3.7(4) で一方が単函数の場合).

$M_k \subset E$ より

$$\int_E f_n(x) d\mu(x) \ge \int_{M_k} f(x) d\mu(x) - \varepsilon \mu(E) \qquad \forall n \ge k.$$

右辺は n に依存しないので左辺の $n \to \infty$ の下極限をとって (積分値は $n \to \infty$ で単調だから)

$$\varliminf_{n \to \infty} \int_E f_n(x) d\mu(x) \ge \int_{M_k} f(x) d\mu(x) - \varepsilon \mu(E).$$

左辺は k によらず $\int_{M_k} f(x) d\mu(x)$ は k について単調増大列で上に有界だから $k \to \infty$ で収束して (命題 3.6 の (1) と (4.3) より)

$$\varliminf_{n \to \infty} \int_E f_n(x) d\mu(x) \ge \int_E f(x) d\mu(x) - \varepsilon \mu(E). \tag{4.4}$$

他方命題 3.8 の (1) から

$$0 \le \int_E f_n(x) d\mu(x) \le \int_E f(x) d\mu(x) \qquad \forall n = 1, 2, \cdots \tag{4.5}$$

が成り立つので，(4.4), (4.5) より f は E 上可積分.

ここで $f(x) \ge 0$ より $\mathbb{R}^n$ の可測集合 A に対して

$$\nu(A) = \int_A f(x) d\mu(x)$$

は測度を定義する. この議論には f の可積分性を要する (命題 3.6 (2) とそのあとに続く注意). また左辺は k によらないので $k \to \infty$ とすれば M_k の単調性から $\lim_{k \to \infty} M_k = \cup_{k=1}^{\infty} M_k = E$ だから命題 2.1 (3) より $\nu(M_k) \to \nu(E) \ (k \to \infty)$.

(4.2) において $\varepsilon > 0$ は任意ゆえ

---

*4) $f_n - f$ は可測函数でそのレベル集合 $\{x \in E; f_n(x) - f(x) \le \varepsilon\}$ は可測.

$$\varliminf_{n \to \infty} \int_E f_n(x) d\mu(x) \geq \int_E f(x) d\mu(x).$$

あとは E を可算個加えれば元々の E に対しても

$$\varliminf_{n \to \infty} \int_E f_n(x) d\mu(x) \geq \int_E f(x) d\mu(x).$$

反対に (4.5) から

$$\varlimsup_{n \to \infty} \int_E f_n(x) d\mu(x) \leq \int_E f(x) d\mu(x)$$

だったから定理の結論の式を得る. □

次の補題は Lebesgue の優収束定理の土台となるもので Fatou (ファトウ)[*5] に起因する.

P.J.L. Fatou

> **補題 4.2 (Fatou)** 可測集合 E 上で $f_n \geq 0$ となる函数列に対して
>
> $$\int_E \varliminf_{n \to \infty} f_n(x) d\mu(x) \leq \varliminf_{n \to \infty} \int_E f_n(x) d\mu(x).$$

補題 4.2 の仮定で $f_n \geq 0$ の条件は,下に有界であるという点が本質的で非負性が本質ではない.

補題 4.2 の証明. 右辺が有限と仮定してよい (さもなくば主張は明白). $\underline{f} = \varliminf_{n \to \infty} f_n(x)$, $F_n(x) = \inf_{k \geq n} f_k(x)$ とおく. 各 $x \in E$ ごとに $F_n(x)$ は n について単調増大列であり

$$F_n(x) \to \underline{f}(x) \tag{4.6}$$

となる. さらに $\inf_{k \geq n} f_k(x) \leq f_k(x)$ だから

$$\int_E \inf_{k \geq n} f_k(x) d\mu(x) \leq \int_E f_k(x) d\mu(x) \qquad (^\forall k \geq n)$$

に注意して,左辺は k によらなくなっているので,右辺の k についての下限はしたから左辺で持ち上がって[*6],

$$\int_E \inf_{k \geq n} f_k(x) d\mu(x) \leq \inf_{k \geq n} \int_E f_k(x) d\mu(x). \tag{4.7}$$

このとき (4.7) の両辺について n で上限をとると

[*5] Pierre J.L. Fatou, (1878–1929). フランスの数学者. レジオン・ドヌール勲章 (1923), フランス数学会 (1928). P. Panlevé (数学者・政治家) を指導.

[*6] その下極限が有限と始めに仮定したため,有限にとどまる $f_k(x)$ の積分の列があることから右辺は有限である

$$\sup_n \int_E F_n(x)d\mu(x) = \sup_n \int_E \inf_{k \geq n} f_k(x)d\mu(x)$$

$$\leq \sup_n \inf_{k \geq n} \int_E f_k(x)d\mu(x) \tag{4.8}$$

$$= \varliminf_{n \to \infty} \int_E f_n(x)d\mu(x) < \infty$$

となる[*7]. (4.6), (4.8) から Beppo Levi の単調収束定理 (命題 4.1) により

$$\lim_{n \to \infty} \int_E F_n(x)d\mu(x) = \int_E \underline{f}(x)d\mu(x). \tag{4.9}$$

一方任意の $k(\geq n)$ に対して $F_n(x) \leq f_k(x)$ より

$$\int_E F_n(x)d\mu(x) \leq \int_E f_k(x)d\mu(x) \quad \forall k \geq n$$

なので

$$\int_E F_n(x)d\mu(x) \leq \inf_{k \geq n} \int_E f_k(x)d\mu(x) \quad \forall k \geq n. \tag{4.10}$$

$n \to \infty$ によって (4.9) と (4.10) から

$$\int_E \underline{f}(x)d\mu(x) = \lim_{n \to \infty} \int_E F_n(x)d\mu(x) \leq \varliminf_{n \to \infty} \int_E f_n(x)d\mu(x).$$

$\square$

系 4.3 (Fatou) 可測集合 E 上で $f_n \leq C$ となる函数列に対して

$$\varlimsup_{n \to \infty} \int_E f_n(x)d\mu(x) \leq \int_E \varlimsup_{n \to \infty} f_n(x)d\mu(x).$$

証明は補題 4.2 において f_n を $-f_n$ と見直すと $\sup_n f_n = -\inf(-f_n)$ となって補題 4.2 に帰着できる. (これを証明せよ.)

例:

$$f_n(x) = \begin{cases} n, & 0 \leq x \leq \frac{1}{n} \\ 0, & \text{そのほか} \end{cases}$$

とおくと $\varlimsup_{n \to \infty} f_n(x) = 0$ a.e. かつ

$$\int_{\mathbb{R}} f_n(x) = 1$$

ゆえ

$$0 = \int_{\mathbb{R}} \varlimsup_{n \to \infty} f_n(x)d\mu(x) \leq \varliminf_{n \to \infty} \int_{\mathbb{R}} f_n(x)d\mu(x) = 1$$

である.

[*7] $\inf_{k \geq n} \int_E f_k(x)d\mu(x)$ が n について単調増大であることに注意.

問題 19. 上の例を系 4.3 に当てはめるとどうなるか考察せよ. $\{-f_n\}_n$ ならどうか.

単調収束定理の応用として, 前章命題 3.8 において触れた積分の線形性の証明が余分な付加条件なしに得られる:

命題 4.4 Ω 上の可測集合 E 上で f と g は共に可測とする. このとき積分の線形性: $\alpha, \beta \in \mathbb{R}$ に対して

$$\int_E (\alpha f(x) + \beta g(x)) d\mu(x) = \alpha \int_E f(x) d\mu(x) + \beta \int_E g(x) d\mu(x)$$

が成り立つ.

命題 4.4 の証明. 命題 3.8 (2) より $\alpha = \beta = 1$ で示せば十分である. また $f(x)$ が単函数であるときはすでに同じ命題 3.8 (4) で示されている. f, g をそれぞれ

$$f(x) = f_+(x) - f_-(x), \quad g(x) = g_+(x) - g_-(x), \quad f_\pm(x), g_\pm(x) \geq 0,$$

さらに

$$f(x) + g(x) = f_+(x) + g_+(x) - (f_-(x) + g_-(x))$$

と分解して示せばよいので, f と g がともに非負と仮定してよい.

命題 3.5 より正値函数 f を近似する単調増加なる単函数列 $f_n(x)$ が存在し $f_n(x) \to f(x) \ (n \to \infty)$ a,e. とできる. このとき命題 3.8 (4) から

$$\int_E (f_n(x) + g(x)) d\mu(x) = \int_E f_n(x) d\mu(x) + \int_E g(x) d\mu(x) \tag{3.5}$$

が各 $n = 1, 2, \cdots$ に対して成り立つ. 単函数列 $f_n(x)$ は a.e. で $f(x)$ に単調増加で収束し, 同時に $f_n(x) + g(x)$ も $f(x) + g(x)$ に収束する. またいずれの函数も非負であるから, Beppo Levi の補題 (単調収束定理・命題 4.1) により

$$\int_E f_n(x) d\mu \to \int_E f(x) d\mu,$$
$$\int_E ((f_n(x) + g(x)) d\mu \to \int_E (f(x) + g(x)) d\mu$$

がともに成り立つ. 従って (3.5) から

$$\int_E (f(x) + g(x)) d\mu(x) = \int_E f(x) d\mu(x) + \int_E g(x) d\mu(x)$$

が従う. $\qquad\qquad\qquad\qquad\qquad\qquad\qquad\qquad\qquad\qquad\qquad\qquad\qquad\square$

4.2 Lebesgue の優収束定理

> **定理 4.5（Lebesgue 優収束定理）** $\{f_n\}_{n=1}^\infty$ は E 上で可測な函数列で
>
> (1) $f_n(x) \to f(x)$ a.e.
>
> (2) ある可積分函数 $g(x)$ があって $|f_n(x)| \le g(x)$ a.e.
>
> が成り立っているとする.
>
> このとき可積分函数 f が存在して
>
> $$\int_E f_n(x)d\mu(x) \to \int_E f(x)d\mu(x) \quad \text{as } n \to 0$$
>
> が成り立つ. 特に
>
> $$\int_E |f_n(x) - f(x)|d\mu(x) \to 0 \qquad (n \to 0)$$
>
> である.

定理 4.5 の証明. $f_n(x) = f_n^+(x) - f_n^-(x)$, $f_n^+(x) = \max(f_n(x), 0)$, $f_n^-(x) = -\min(f_n, 0)$ とおく. f も同様に $f(x) = f^+(x) - f^-(x)$ と分解しておく. 仮定から $0 \le f_n^\pm(x) \le g(x)$ a.e. に注意する.

Fatou の補題 補題 4.2 を $f_n^\pm(x)$ に直接適用して

$$\begin{aligned}
\int_E f^\pm(x)d\mu(x) &= \int_E \varliminf_{n \to \infty} f_n^\pm(x)d\mu(x) \\
&\le \varliminf_{n \to \infty} \int_E f_n^\pm(x)d\mu(x) \le \int_E g(x)d\mu(x) < \infty.
\end{aligned} \tag{4.11}$$

これから $f = f^+ - f^-$ は可積分である. 仮定から $g(x) - f_n^\pm(x) \ge 0$ a.e. でありかつこれは可積分であるから補題 4.2 (Fatou の補題) と積分の線形性 (命題 4.4) から

$$\begin{aligned}
\int_E (g(x) - f^\pm(x))d\mu(x) &= \int_E \varliminf_{n \to \infty} (g(x) - f_n^\pm(x))d\mu(x) \\
&\le \varliminf_{n \to \infty} \int_E (g(x) - f_n^\pm(x))d\mu(x) \\
&= \varliminf_{n \to \infty} \left(\int_E g(x)d\mu(x) - \int_E f_n^\pm(x)d\mu(x) \right) \\
&= \int_E g(x)d\mu(x) - \varlimsup_{n \to \infty} \int_E f_n^\pm(x)d\mu(x).
\end{aligned}$$

これより

$$\varlimsup_{n \to \infty} \int_E f_n^\pm(x)d\mu(x) \le \int_E f^\pm(x)d\mu(x). \tag{4.12}$$

このとき (4.11)–(4.12) を合わせると再び命題 4.4 に注意して

$$\int_E f^\pm(x)d\mu(x) \le \varliminf_{n \to \infty} \int_E f_n^\pm(x)d\mu(x)$$

$$\leq \overline{\lim_{n\to\infty}} \int_E f_n^{\pm}(x)d\mu(x) \leq \int_E f^{\pm}(x)d\mu(x)$$

すなわち

$$\lim_{n\to\infty} \int_E f_n^{\pm}(x)d\mu(x) = \int_E f^{\pm}(x)d\mu(x).$$

これより主張の前半の結果を得る.

<u>問題 20</u>. この定理の主張の後半を証明せよ.

(証明) $h_n(x) = |f_n(x) - f(x)|$ とおくと前半の主張から $f \in \mathcal{L}^1(E)$. 従って $|h_n(x)| \leq |f_n(x)| + |f(x)| \leq g(x) + |f(x)| \in \mathcal{L}^1(E)$. さらに仮定より

$$h_n(x) = |f_n(x) - f(x)| \to 0 \qquad n \to \infty.$$

従って定理の前半の主張から

$$\int_E h_n(x)d\mu(x) \to 0 \qquad n \to \infty.$$

これは後半の主張を述べている. □

○ 優収束定理の適用例

第 1 章で述べた一様収束しない函数列の積分と極限の交換にルベーグの優収束定理は威力を発揮する.

例 1:

区間 $I = [0, 1]$ 上で $f_n(x) = x^n$ を考える.

$$f_n(x) \to f(x) = \begin{cases} 1, & x = 1 \\ 0 & 0 \leq x < 1 \end{cases}$$

であり, 各 $f_n(x)$ は $|f_n(x)| \leq 1$ $x \in [0,1]$ かつ $1 \in \mathcal{L}^1([0,1])$ である. よってルベーグの優収束定理から

$$\lim_{n\to\infty} \int_0^1 f_n(x)dx = \int_0^1 f(x)dx = 0.$$

例 2:

$f(t) \in \mathcal{L}^1(\mathbb{R})$ で $f(t)$ は連続かつある $R > 0$ に対して $\overline{\{t \in \mathbb{R}; |f(t)| > 0\}} \subset [-R, R]$ であるとする. このときフーリエの反転公式

$$\lim_{T\to\infty} \frac{1}{2\pi} \int_{-T}^T \int_{-\infty}^\infty e^{i\tau(t-s)} f(s)dsd\tau = f(t)$$

が成り立つ. 実際, 変数変換と積分の順序を交換すると

$$\frac{1}{2\pi} \int_{-T}^T \int_{-\infty}^\infty e^{i\tau(t-s)} f(s)dsd\tau = \frac{1}{\pi} \int_{-\infty}^\infty \frac{\sin(Ts)}{s} f(t-s)ds.$$

次に

$$\int_{-\infty}^{\infty} \frac{\sin s}{s} ds = \pi$$

に注意して

$$\frac{1}{\pi} \int_{-\infty}^{\infty} \frac{\sin(Ts)}{s} \left(f(t-s) - f(t)\right) ds$$

$$= \frac{1}{\pi} \int_{-\infty}^{\infty} \frac{\sin s}{s} \left(f\left(t - \frac{s}{T}\right) - f(t)\right) ds$$

だから被積分函数は $T \to \infty$ で

$$f\left(t - \frac{s}{T}\right) - f(t) \to 0 \quad \text{a.e.}$$

かつ

$$\left| \frac{\sin s}{s} \left(f\left(t - \frac{s}{T}\right) - f(t)\right) \right| \le \frac{2}{1 + |s|} \left(\left|f\left(t - \frac{s}{T}\right)\right| + |f(t)|\right)$$

は可積分函数. 従ってルベーグの優収束定理 (定理 4.5) より

$$\lim_{T \to \infty} \frac{1}{\pi} \int_{-\infty}^{\infty} \frac{\sin s}{s} \left(f\left(t - \frac{s}{T}\right) - f(t)\right) ds = 0$$

すなわち

$$\lim_{T \to \infty} \frac{1}{2\pi} \int_{-T}^{T} \int_{-\infty}^{\infty} e^{i\tau(t-s)} f(s) ds d\tau = f(t).$$

● Lebesgue の優収束定理の条件が成り立たないような函数列の例.

Lebesgue の収束定理における条件の内, 可積分函数で上から押さえられていない場合には次のような反例がある. $n = 1, 2, 3, \cdots$ に対して $d_n(x)$ $= \begin{cases} n, & |x| < n^{-1} \\ 0, & |x| \ge n^{-1} \end{cases}$ とおく. 明らかに d_n は可積分で $\int_{\mathbb{R}} d_n(x) d\mu(x) = 2$ $(n = 1, 2, \cdots)$ となる. ところが $d_n(x) \to 0$ a.e. であり $\int_{\mathbb{R}} \lim_{n \to \infty} d_n(x) dx = 0$ となってしまう. ちなみに $d_n(x) \le d(x)$ を満たす函数は $d_n(x)$ の envelop 函数をとればよい: $d(x) = \sup_n d_n(x) = 1/|x|$. これは $\mathcal{L}^1(\mathbb{R})$ ではない.

4.3 $\mathcal{L}^1$ の完備性

空間 $\mathcal{L}^1(\Omega)$ は命題 4.4 よりベクトル空間となるが, その元に対して

$$d(f, g) = \int_{\Omega} |f(x) - g(x)| d\mu(x)$$

で距離を導入すると距離空間となる. 実際 $f = g$ a.e. を同一視することにより

$$\|f\|_1 \equiv \int_{\Omega} |f(x)| d\mu(x)$$

はノルムとなる．これを **Lebesgue 空間** と呼び $L^1(\Omega)$ と表す．$L^1(\Omega)$ はノルムを備えるノルム空間である．この空間の上記の距離によって導入される位相によって Cauchy 列を考えることができる．

定義. $\{f_n\}_n \subset L^1(\Omega)$ が $L^1(\Omega)$ で Caushy 列であるとは，任意の $\varepsilon > 0$ に対してある番号 N から先のすべての n, m に対して

$$\int_\Omega |f_n(x) - f_m(x)| d\mu(x) < \varepsilon$$

が成り立つこと．

F. Ricsz（リ　ス）[*8)]と Fischer（フィッシャー）[*9)]は実数の完備性を可積分函数列に拡張することに成功した．彼らの結果は有限区間の L^2 函数に関する Fourier 級数を用いた完備性であったが，その後，任意の $1 \leq p \leq \infty$ 乗可積分函数のクラスに拡張された．これは Lebesgue 積分を導入するもっとも大きな効果の一つであって，函数解析学との相乗効果により，非常に大きな応用を生み出す基礎となった．

F. Riesz

定理 **4.6**（**Riesz-Fischer, $\mathcal{L}^1$ の完備性**）　$\mathcal{L}^1(\Omega)$ の Cauchy 列 $\{f_n\}$ に対して可積分函数 $f \in \mathcal{L}^1(\Omega)$ が存在して

$$\int_\Omega |f_n(x) - f(x)| d\mu(x) \to 0 \quad \text{as } n \to \infty.$$

すなわち $\mathcal{L}^1(\Omega)$ は完備である．

E.S. Fischer

定理 4.6 の証明. $\{f_n\}_{n=1}^\infty$ が $\mathcal{L}^1$ の Cauchy 列であるとする．すなわち任意の $\varepsilon > 0$ に対してある $N \in \mathbb{N}$ があって $n, m \geq \mathbb{N}$ に対して

$$\int_\Omega |f_n(x) - f_m(x)| d\mu(x) < \varepsilon.$$

そこで $\varepsilon \to 2^{-k}$ ととることにより部分列 $\{f_{n_k}\}_{k=1}^\infty$ を以下のように取り出すことができる．各 $k \in \mathbb{N}$ に対して n_k を選んで任意の $n_\ell > n_k$ に対して

$$\int_\Omega |f_{n_\ell}(x) - f_{n_k}(x)| d\mu(x) < \frac{1}{2^k}$$

とできる．このような n_ℓ の中で $k+1$ を固定してすべての $n_{\ell'} > n_{k+1}$ に対して

---

*8)　Frigyes Riesz (1880–1956). オーストリア-ハンガリー前出の M. Riesz の兄．Riesz の表現定理など函数解析学に貢献が大きい．

*9)　Ernst Sigismund Fischer (1875–1954). オーストリアの数学者．行列式に対する Fischer の不等式など．

$$\int_\Omega |f_{n_{\ell'}}(x) - f_{n_{k+1}}(x)|d\mu(x) < \frac{1}{2^{k+1}}$$

となるように n_{k+1} を選べる．以下帰納的に部分列 $\{f_{n_k}\}_{n_k}$ を選び出せば

$$\sum_{k=1}^{\infty} \int_\Omega |f_{n_{k+1}}(x) - f_{n_k}(x)|d\mu(x) < \sum_k \frac{1}{2^k} = 1$$

を満たすように選べる．さて $f_{n_k}(x) = f_{n_1}(x) + \sum_{j=1}^{k-1}\left(f_{n_{j+1}}(x) - f_{n_j}(x)\right)$ から

$$g_k(x) = |f_{n_1}(x)| + \sum_{j=1}^{k-1}|f_{n_{j+1}}(x) - f_{n_j}(x)|$$

とおくと $0 \le g_1(x) \le g_2(x) \le \cdots \le g_k(x) \le \cdots$ かつ

$$\sup_k \int_\Omega g_k(x)d\mu(x) = \int_\Omega |f_1(x)|d\mu(x) + \sum_{k=1}^{\infty}\int_\Omega |f_{n_k}(x) - f_{n_l}(x)|d\mu(x)$$

$$\le \int_\Omega |f_1(x)|d\mu(x) + 1 < \infty$$

だから単調収束定理より $\lim_{k\to\infty} g_k = g \in \mathcal{L}^1$ が存在する．すなわち $|f_{n_{k+1}}(x) - f_{n-k}(x)|$ は各 $x \in \Omega$ で絶対収束する．その極限を $f(x)$ とおくと $f_{n_k}(x) \to f(x)$ a.e. となる．かつ $\forall n_k$ に対して

$$|f_{n_k}(x)| \le |g_k(x)| \le |g(x)| \qquad \forall k = 1, 2, 3, \cdots.$$

従って Lebesgue の優収束定理 (定理 4.5) により

$$\int_\Omega |f_{n_k}(x) - f(x)|d\mu(x) \to 0 \quad \text{as } n_k \to \infty$$

である．任意の列に対しては

$$\int_\Omega |f_k(x) - f_{n_k}(x)|d\mu(x) + \int_\Omega |f_{n_k}(x) - f(x)|d\mu(x) \to 0$$

より得られる． □

4.4 一様収束との関連

函数列 $\{f_n\}$ がほとんど至る所の点 $x \in E$ a.e. で $f_n(x) \to f(x)$ となることを概収束するということがある．概収束列の積分値が収束するための十分条件が Lebsgue の優収束定理であった．一方 Riemann 積分において積分と極限が交換可能な十分条件は収束が一様収束であるということであった．ここではほとんど至るところの収束と一様収束の関連を探る．まずは次の Egorov (エゴロフ)[10] の定

D.F. Egorov

*10) Dmitri F. Egorov (1869–1931). ロシアの数学者．P. Alexandrov, N. Luzin らを指導．宗教的弾圧から逮捕されハンガーストライキで亡くなる．

理を述べる.

定理 4.7（**Egorov の定理**）　E を $\mu(E) < \infty$ なる可測集合，$\{f_n\}$ は E 上の可測函数列で $f_n \to f$ a.e. E であるとする．このとき任意の $\varepsilon > 0$ に対してある可測集合 F が存在して
- $F \subset E$ かつ $\mu(E \setminus F) < \varepsilon$.
- F 上一様収束に $f_n \to f$ となる.

定理 4.7 の証明. E の部分集合で任意の $\delta > 0$ に対して

$$E_n(\delta) = \bigcap_{k=n}^{\infty} \{x \in E; |f_k(x) - f(x)| < \delta\}$$

とおく．明らかに $E_n(\delta)$ は単調増大集合列かつ $\lim_{n \to \infty} E_n(\delta) = E \setminus N$ ただし $\mu(N) = 0$. よってこのとき $\lim_{n \to \infty} \mu(E_n(\delta)) = \mu(E)$ すなわち

$$\lim_{n \to \infty} \mu(E \setminus E_n(\delta)) = 0.$$

任意に $\varepsilon > 0$ を固定し，δ を $\delta_j \to 0$ となる列に置き直したとき十分大きな $n = n(\delta_j, \varepsilon)$ に対しては

$$\mu\Big(E \setminus E_n(\delta_j)\Big) < \frac{\varepsilon}{2^j}$$

とできる．（一様収束なら k 十分大で $E \setminus \{x; |f_k(x) - f(x)| < \delta_j\} = \emptyset$ であるがこの場合はそうではない.）さて $F = \bigcap_{j=1}^{\infty} E_n(\delta_j)$ とおくと

$$\mu(E \setminus F) = \mu\left(E \setminus \bigcap_{j=1}^{\infty} E_n(\delta_j)\right) = \mu\left(\bigcup_{j=1}^{\infty}(E \setminus E_n(\delta_j))\right)$$

$$\leq \sum_{j=1}^{\infty} \mu(E \setminus E_n(\delta_j)) < \sum_{j=1}^{\infty} \frac{\varepsilon}{2^j} = \varepsilon.$$

かつ F 上では

$$|f_k(x) - f(x)| \leq \delta_j \qquad \forall k \geq n = n(j, \varepsilon), \quad \forall x \in F.$$

ここで $\delta_j \to 0$ ならば $n \to \infty$ であった． $\square$

注意: 考えている測度空間が $\mathbb{R}^n$ の部分集合からなる可測集合族ならば Egorov の定理における F はコンパクト集合としてとれる．これははじめに与えられた F に含まれるコンパクト集合 K で $\mu(F \setminus K) < \varepsilon$ となるものがとれるからである．この辺は可測集合の構造と関わり Borel 集合の概念が必要となる．これはあとの節にゆずる[11].

---

[11]　5.3 節で述べる.

> **定理 4.8 (Luzin の定理)**　E を $\mu(E) < \infty$ なる可測集合，f は E 上の可測函数で E 上 almost everywhere で有限であるとする．このとき任意の $\varepsilon > 0$ に対してあるコンパクト集合 K が存在して
>
> - $K \subset E$ かつ $\mu(E \setminus K) < \varepsilon$.
> - f は K 上連続となる．

4.5　平均収束，測度収束，概収束

函数列 $\{f_n\}_n$ のほとんど至る所での収束とは

$$\mu\big(\{x \in E;\ \lim_{n \to \infty} f_n(x) \neq f(x)\}\big) = 0$$

を表すのであった．これを**概収束**と呼ぶことがある．

定義. f_n が E 上で f に**測度収束**するとは任意の $\delta > 0$ に対して任意の $\varepsilon > 0$ をとると十分大きな n に対して $\mu(\{x \in E; |f_n(x) - f(x)| > \delta\}) < \varepsilon$ とできるとき．

注意: 確率論では測度収束のことを確率収束するという．

定義. f_n が E 上で f に**平均収束**するとは任意の $\varepsilon > 0$ をとると十分大きな n に対して

$$\int_E |f_n(x) - f(x)| d\mu(x) < \varepsilon$$

とできること．$\mathcal{L}^1(\Omega)$ 収束ともいう．

> **命題 4.9**　(1) f_n が E 上 f に $\mathcal{L}^1$-収束 (平均収束) するなら測度収束する．
>
> (2) f_n が E 上 f にほとんど至るところで収束するなら，測度収束する．
>
> (3) f_n が E 上 f に測度収束するとき $\{f_n\}$ の部分列で f にほとんど至るところ収束するものが取り出せる．

命題 4.9 の証明.

(1) 平均収束 $\Rightarrow$ 測度収束．Chebyshev の不等式 (定理 3.9) から $\delta > 0$ を固定するたびに

$$\mu(\{x \in E; |f_n(x) - f(x)| > \delta\}) \leq \frac{1}{\delta} \int_E |f_n(x) - f(x)| d\mu(x) \to 0, \quad n \to \infty$$

より得られる．

(2) a.e. - 収束 $\Rightarrow$ 測度収束．$\{f_n\}$ を $f_n(x) \to f(x)$ a.e. とする．このときある零集合 $\mathcal{N}$ があって $x \in E/\mathcal{N}$ に対して，任意の $\varepsilon > 0$ に対してある自然数 $N \in \mathbb{N}$ があって，$n \geq N$ ならば $|f_n(x) - f(x)| < \varepsilon$ となる．ここで $\varepsilon = 1/k$

$(k = 1, 2, \cdots)$ ととると収束する点の集合 $\{x \in E; \lim_{n \to \infty} f_n(x) = f(x)\}$ は集合の記号で書き下すと

あるる $N \in \mathbb{N}$ があって，すべての $n \geq N$ に対して
$$\left\{ x \in E; |f_n(x) - f(x)| < \frac{1}{k} \right\}$$
$$\Longleftrightarrow$$
$$\bigcap_{n=N}^{\infty} \left\{ x \in E; |f_n(x) - f(x)| < \frac{1}{k} \right\}$$

だから

k に応じたある特別な N 以上のすべての n に対して
$$\left\{ x \in E; |f_n(x) - f(x)| < \frac{1}{k} \right\}$$
$$\Longleftrightarrow$$
$$\bigcup_{N=1}^{\infty} \bigcap_{n=N}^{\infty} \left\{ x \in E; |f_n(x) - f(x)| < \frac{1}{k} \right\}$$

であるから
$$\bigcup_{N=1}^{\infty} \bigcap_{n=N}^{\infty} \left\{ x \in E; |f_n(x) - f(x)| < \frac{1}{k} \right\}$$

の $k = 1, 2, \cdots$ に関する共通部分となる．すなわち
$$\{x \in E; \lim_{n \to \infty} f_n(x) = f(x)\} = \bigcap_{k=1}^{\infty} \bigcup_{N=1}^{\infty} \bigcap_{n=N}^{\infty} \left\{ x \in E; |f_n(x) - f(x)| < \frac{1}{k} \right\}.$$

仮定から f_n は a.e.-収束するので
$$\mu \left(E \setminus \bigcap_{k=1}^{\infty} \bigcup_{N=1}^{\infty} \bigcap_{n=N}^{\infty} \{x \in E; |f_n(x) - f(x)| < \frac{1}{k}\} \right) = 0. \qquad (4.13)$$

特に
$$E \setminus \bigcup_{N=1}^{\infty} \bigcap_{n=N}^{\infty} \left\{ x \in E; |f_n(x) - f(x)| < \frac{1}{k} \right\}$$
$$\subset E \setminus \bigcap_{k=1}^{\infty} \bigcup_{N=1}^{\infty} \bigcap_{n=N}^{\infty} \left\{ x \in E; |f_n(x) - f(x)| < \frac{1}{k} \right\}$$

だから (4.13) より
$$\mu \left(E \setminus \bigcup_{N=1}^{\infty} \bigcap_{n=N}^{\infty} \left\{ x \in E; |f_n(x) - f(x)| < \frac{1}{k} \right\} \right) = 0.$$

さていま $\delta > 0$ を任意にとって固定する．このとき $\delta^{-1} < k$ と選べば任意の N に対してある $n \geq N$ があって
$$\{x \in E; |f_n(x) - f(x)| > \delta\} \subset \{x \in E; |f_n(x) - f(x)| \geq 1/k\}$$

$$\subset \bigcup_{n \geq N} \{x \in E; |f_n(x) - f(x)| \geq 1/k\}$$

$$= E \setminus \bigcap_{n=N}^{\infty} \{x \in E; |f_n(x) - f(x)| < 1/k\}.$$

$$(4.14)$$

このとき右辺の集合は $N \to \infty$ によって単調に

$$\lim_{N \to \infty} E \setminus \bigcap_{n=N}^{\infty} \{x \in E; |f_n(x) - f(x)| < 1/k\}$$

$$= E \setminus \bigcup_{N=1}^{\infty} \bigcap_{n=N}^{\infty} \{x \in E; |f_n(x) - f(x)| < 1/k\}$$

となる. 従って (4.14) 式の両辺の測度をとって $N \to \infty$ とすれば命題 2.1 (4) から

$$\lim_{N \to \infty} \mu\big(\{x \in E; |f_n(x) - f(x)| > \delta\}\big)$$

$$\leq \lim_{N \to \infty} \mu\left(\bigcup_{n \geq N} \{x \in E; |f_n(x) - f(x)| > 1/k\}\right)$$

$$= \lim_{N \to \infty} \mu\left(E \setminus \bigcap_{n=N}^{\infty} \{x \in E; |f_n(x) - f(x)| < 1/k\}\right)$$

$$= \mu\left(E \setminus \bigcup_{N=1}^{\infty} \bigcap_{n=N}^{\infty} \{x \in E; |f_n(x) - f(x)| < 1/k\}\right) = 0.$$

<u>問題 21.</u> $\mu(E) < \infty$ を仮定して Lebesgue の収束定理と Chebyshev の不等式から $x/(1+x)$ の単調増加性に注意して

$$\mu(\{x \in E; |f_n(x) - f(x)| \geq \delta\})$$

$$\leq \frac{1+\delta}{\delta} \int_E \frac{|f_n(x) - f(x)|}{1 + |f_n(x) - f(x)|} d\mu(x) \to 0 \qquad n \to \infty$$

を考えて (2) の別証明を考えよ.

(3) 測度収束 $\Rightarrow$ ある部分列で a.e.-収束

$\{f_n\}_{n=1}^{\infty}$ が f に測度収束すると仮定する. すなわち任意の $\delta > 0$ に対して $n \to \infty$ で

$$\mu\left(\{x \in E; |f_n(x) - f(x)| > \delta\}\right) \to 0.$$

そこで部分列 $\{f_{n_k}\}_{k=1}^{\infty}$ を

$$\mu\left(\{x \in E; |f_{n_k}(x) - f(x)| \geq \frac{1}{2^k}\}\right) \leq \frac{1}{2^k}$$

となるように選ぶ. この選び方は測度収束の仮定から可能である. こうすると

$$E_k \equiv \left\{ x \in E; |f_{n_k}(x) - f(x)| > \frac{1}{2^k} \right\},$$

$$\bar{E} \equiv \varlimsup_{k \to \infty} E_k = \bigcap_{m=1}^{\infty} \bigcup_{k \geq m} E_k$$

とおけば

$$E \setminus \bar{E} = (\bar{E})^c \subset \{ x \in E; \lim_{k \to \infty} f_{n_k}(x) = f(x) \} \tag{4.15}$$

である. 実際 $x_0 \notin \bar{E}$ ならばある m に対して

$$x_0 \notin \bigcup_{k \geq m} E_k$$

なので $\forall k \geq m$ に対して $|f_{n_k}(x_0) - f(x_0)| < 1/2^k$. よって $\lim_{k \to \infty} f_{n_k}(x_0) = f(x_0)$.

このとき (4.15) 式両辺の補集合を考えて

$$\bar{E} \supset E \setminus \{ x \in E; \lim_{k \to \infty} f_{n_k}(x) = f(x) \}. \tag{\#1}$$

一方 $\sum_k \mu(E_k) \leq \sum_k 2^{-k} < \infty$ だから Borel-Cantelli の定理 (定理 2.3) から $\mu\left(\varlimsup_{k \to \infty} E_k \right) = 0$ すなわち

$$\mu(\bar{E}) = \mu\left(\bigcap_{m=1}^{\infty} \bigcup_{k \geq m} \{ x \in E; |f_{n_k}(x) - f(x)| > \frac{1}{2^k} \} \right) = 0.$$

(\#1) より

$$\mu(E \setminus \{ x \in E; \lim_{k \to \infty} f_{n_k}(x) = f(x) \}) \leq \mu(\bar{E}) = 0$$

を表す. よって f_{n_k} は f に (a.e-) ほとんど至るところで収束する.

集合の記号で押し通せば

$$\mu\left(E \setminus \bigcap_{k=1}^{\infty} \bigcup_{m=1}^{\infty} \bigcap_{k \geq m}^{\infty} \{ x \in E; |f_{n_k}(x) - f(x)| < \frac{1}{2^k} \} \right)$$

$$= \mu\left(\bigcup_{k=1}^{\infty} \bigcap_{m=1}^{\infty} \bigcup_{k \geq m} \{ x \in E; |f_{n_k}(x) - f(x)| > \frac{1}{2^k} \} \right)$$

(ε の k と f_{n_k} の k を同じにとっているので $\cup_k$ の中が k によらなくなっているから)

$$= \mu\left(\bigcap_{m=1}^{\infty} \bigcup_{k \geq m} \{ x \in E; |f_{n_k}(x) - f(x)| > \frac{1}{2^k} \} \right) = 0$$

すなわち $E \setminus \{ x \in E; \lim_{n \to \infty} f_n(x) = f(x) \}$ は零集合. よって f_{n_k} は f に a.e. -収束 (概収束) する. $\qquad \square$

注意: $\{f_n\}_n$ が f に測度収束しても概収束 (a.e.-収束) しない例が存在する.

実際 $(0,1)$ 上

$$f_n(x) = \begin{cases} 1, & x \in A_n \\ 0, & x \notin A_n \end{cases}$$

ただし $A_0 = (0,1)$, $A_1 = (0,1/2)$, $A_2 = [1/2,1)$,

$A_3 = (0,2^{-2})$, $A_4 = [\frac{1}{4},\frac{1}{2})$, $A_5 = [\frac{1}{2},\frac{3}{4})$, $A_7 = [\frac{3}{4},1)$,

$A_8 = (0,2^{-3})$, $A_9 = [\frac{1}{8},\frac{1}{4})$, $A_{10} = [\frac{1}{4},\frac{3}{8})$, $\cdots$

と定める.

$f_n(x)$ は 0 に測度収束するが，概収束しない. 実際任意の $\eta > 0$ に対して (実際は $\eta < 1$ に対して)

$$\mu\big(\{x \in E; |f_n(x) - 0| \geq \eta\}\big) = \mu(A_n) \to 0$$

E.H. Lieb

だから測度収束するが，$(0,1)$ 上の無理点 a では周期的に $f_{n_k}(a) = 1$ となり 0 に収束しない点が測度正の集合で存在する.

4.6 Fatou の補題の欠損項に関する Brezis-Lieb の補題

Fatou の補題 (補題 4.2) のより現代的な version であるところの Brezis (ブレジス)-Lieb (リーブ) の補題を述べる[*12]. Fatou の補題によって失われる情報の回復を述べたものである.

定理 **4.10** (**Brezis-Lieb の補題**)　$0 < p < \infty$ とし，f_n を p 乗可積分函数 i.e., $f_n \in \mathcal{L}^p(\Omega)$ で

$$\sup_n \int_\Omega |f_n|^p d\mu(x) \leq M$$

とする. $f_n(x) \to f(x)$ a.e. $n \to \infty$ のとき

$$\lim_{n\to\infty} \int_\Omega \Big||f_n(x)|^p - |f(x)|^p - |f_n(x) - f(x)|^p\Big| d\mu(x) = 0$$

が成り立つ.

<u>問題 22</u>. 定理 4.10 を $p = 1$ のとき以下の手順で示せ.

(1) 任意の $\varepsilon > 0$ に対して $||a+b| - |b|| \leq \varepsilon|b| + C_\varepsilon|a|$ がすべての $a, b \in \mathbb{R}$ に対して成り立つことを示せ.

[*12]　Haïm Brezis (1944–). フランスの数学者. 函数解析，変分法，偏微分方程式論において膨大な著作がある.

Elliott Hershel Lieb (1932–). アメリカの数理物理学者. 数々の物理学的対象を数学的に取り扱った. Hardy-Littlewood-Sobolev の不等式の最良定数を求めた. 2022 年 ICM で Gauss 賞を受賞.

(2) $n = 1, 2, \cdots$ に対して $g_n(x) \equiv f_n(x) - f(x)$ とおく.

$$\left| |f(x) + g_n(x)| - |g_n(x)| - |f(x)| \right| \le \varepsilon |g_n(x)| + (1 + C_\varepsilon)|f(x)|$$

を示せ.

(3) Lebesgue の優収束定理を用いて

$$\int_\Omega \left| \left| |f + g_n| - |g_n| - |f| \right| - \varepsilon |g_n| \right| d\mu(x) \to 0 \qquad n \to \infty$$

を示せ.

(4) $\int_\Omega |g_n| d\mu(x)$ の一様有界性を示して

$$\int_\Omega \left| |f + g_n| - |g_n| - |f| \right| d\mu(x) \to 0, \qquad n \to \infty$$

を示せ.

定理 4.10 の証明. 任意の $\varepsilon > 0$ に対して

$$\left| |a + b|^p - |b|^p \right| \le \varepsilon |b|^p + C_\varepsilon |a|^p \tag{4.16}$$

がすべての $a, b \in \mathbb{R}$ に対して成り立つことを示せばあとは上の問題と同様の手順によって示すことができる. これは $p \le 1$ のときは $|a + b|^p \le |a|^p + |b|^p$ から自明. $p > 1$ のときは $|t|^p$ の凸性から $0 < \theta < 1$ に対して

$$((1 - \theta)|a| + \theta |b|)^p \le (1 - \theta)|a|^p + \theta |b|^p,$$
$$(|a| + |b|)^p \le (1 - \theta)^{1-p}|a|^p + \theta^{1-p}|b|^p$$

において $\theta = (1 - \varepsilon)^{-\frac{1}{p-1}}$ と選べばよい.

(4.16) より直ちに $n = 1, 2, \cdots$ に対して $g_n(x) \equiv f_n(x) - f(x)$ とおくと

$$\left| |f(x) + g_n(x)|^p - |g_n(x)|^p - |f(x)|^p \right| \le \varepsilon |g_n(x)|^p + (1 + C_\varepsilon)|f(x)|^p \tag{4.17}$$

が成り立つ. Fatou の補題から $|f(x)|^p$ は可積分だから (4.17) と $f_n(x) \to f(x)$ $(n \to \infty)$ a.e. により Lebesgue の優収束定理を用いて

$$\int_\Omega \left| \left| |f + g_n|^p - |g_n|^p - |f|^p \right| - \varepsilon |g_n|^p \right| d\mu(x) \to 0 \qquad n \to \infty.$$

三角不等式から

$$\int_\Omega \left| \left| |f + g_n|^p - |g_n|^p - |f|^p \right| \right| d\mu(x) \le \varepsilon \int_\Omega |g_n|^p d\mu(x) + \varepsilon. \tag{4.18}$$

$|f(x)|^p$ の可積分性と

$$\sup_n \int_\Omega |f_n(x)|^p d\mu(x) \le M,$$

さらには $(a+b)^p \le (2\max(a,b))^p \le 2^p(a^p+b^p)$ に注意して[13]

$$\sup_n \int_\Omega |g_n(x)|^p d\mu(x) \le 2^p \left(\sup_n \int_\Omega |f_n(x)|^p d\mu(x) + \int_\Omega |f(x)|^p d\mu(x) \right)$$
$$\le 2^p M$$

なので (4.18) において $\varepsilon \to 0$ により求める結果を得る. □

Lieb の補題 (定理 4.10) を用いると以下の Riesz-Scheffé の定理が直ちに従う[14]. 以下は $1 \le p < \infty$ のときに F. Riesz により示され[15], $p=1$ のとき Scheffé により再発見された[16].

系 4.11 (Riesz-Scheffé の定理) $0 < p < \infty$ とし, f_n を p 乗可積分函数 i.e., $f_n \in \mathcal{L}^p(\Omega)$ で

$$\sup_n \int_\Omega |f_n|^p d\mu(x) \le C$$

とする. $f_n(x) \to f(x)$ a.e. $n \to \infty$ のとき

$$\int_\Omega |f_n(x)|^p \mu(x) \to \int_\Omega |f(x)|^p d\mu(x)$$

の必要十分条件は

$$\int_\Omega |f_n(x) - f(x)|^p d\mu(x) \to 0, \qquad n \to \infty$$

が成り立つことである.

問題 23. 定理 4.10 を用いて系 4.11 を証明せよ.

注意: 一般に Banach 空間 X が一様凸であるとは, 任意の $\varepsilon > 0$ に対してある $\delta > 0$ が存在して $f, g \in X$ で $\|f\|_X, \|g\|_X \le 1$ かつ $\|f - g\|_X > \varepsilon$ ならば

$$\left\| \frac{1}{2}(f+g) \right\|_X < 1 - \delta$$

が成り立つときをいう.

一様凸な Banach 空間 X 上の弱収束列でそのノルムも弱収束極限のノルムに収束するとき, その列は弱収束列極限に強収束する[17]. そうした一般論では $L^1(\Omega)$ を含めることができない. 実際 $L^1(\Omega)$ は一様凸ではない. 系 4.11 は

---

[13] 実は係数を 2^{p-1} とでき, $p \le 1$ のときは 1 に選べる.

[14] Henry Scheffé (1907–1977). アメリカの数学者. プリンストン大学で統計学を始め, 様々な大学を転々としたのち UC Berkeley に落ち着く.

[15] F. Riesz, *Sur la conergence en moyenne*, Acta Sci. Math. (Szeged) **4** (1928), 58–64.

[16] H. Scheffé, *A useful convergece theorem for probability distribution*, Ann. Math. Statistics, **18** (1947) 434–438.

[17] 例えば H. Brezis [2] Proposition III.30 などを見よ.

$p = 1$ を含めて成立することを示している.

問題 24. 系 4.11 における函数列 $\{f_n\}_n$ と f に対して

$$\widetilde{f_n}(x) = \begin{cases} f_n(x), & \text{if } |f_n(x)| \leq |f(x)|, \\ |f(x)|\frac{f_n(x)}{|f_n(x)|} & \text{if } |f_n(x)| > |f(x)| \end{cases}$$

とおく. 函数列 $\{\widetilde{f_n}(x)\}$ を用いて系 4.11 を証明せよ.

実際 $|f - \widetilde{f_n}| \leq 2|f|$ だから f が p 乗可積分ならば

$$\int_\Omega |f(x) - \widetilde{f_n}(x)|^p d\mu \to 0$$

である. 他方 $|\widetilde{f_n}(x)| \leq |f_n(x)|$ a.e. だから $|f_n(x) - \widetilde{f_n}(x)| \leq |f_n(x)| - |\widetilde{f_n}(x)|$ であって

$$\int_\Omega |f_n(x) - \widetilde{f_n}(x)|^p d\mu \leq \int_\Omega |f_n(x)|^p d\mu - \int_\Omega |\widetilde{f_n}(x)|^p d\mu$$

となる. 従ってノルム収束していれば

$$\|f - f_n\|_p \leq \|f - \widetilde{f_n}\|_p + \|\widetilde{f_n} - f_n\|_p \to 0$$

から L^p-収束が従う. 十分性は三角不等式から明白. (F. Riesz の証明 (1928).)

Brezis-Lieb の補題 (定理 4.10) の証明は元々 Novinger による以下の Riesz-Scheffé の収束定理 (系 4.11) の簡潔な証明に基づいている[*18].

$0 < p < \infty$ と $a, b > 0$ に対して, 不等式 $(a + b)^p \leq 2^p(a^p + b^p)$ が成り立つので, 特に

$$0 \leq 2^p\big(|f_n(x)|^p + |f(x)|^p\big) - |f_n(x) - f(x)|^p$$

であり, 右辺はほとんど至るところ $2^{p+1}|f(x)|^p$ に収束する. Fatou の補題 (補題 4.2) により

$$2^{p+1}\int_\Omega |f(x)|^p d\mu(x)$$
$$= \int_\Omega \varliminf_{n\to\infty} \Big(2^p\big(|f_n(x)|^p + |f(x)|^p\big) - |f_n(x) - f(x)|^p\Big) d\mu(x)$$
$$\leq \varliminf_{n\to\infty} \int_\Omega \Big(2^p\big(|f_n(x)|^p + |f(x)|^p\big) - |f_n(x) - f(x)|^p\Big) d\mu(x)$$
$$= 2^{p+1}\int_\Omega |f(x)|^p d\mu(x) - \varlimsup_{n\to\infty} \int_\Omega |f_n(x) - f(x)|^p d\mu(x).$$

従って

$$\varlimsup_{n\to\infty} \int_\Omega |f_n(x) - f(x)|^p d\mu(x) \leq 0$$

を得る.

[*18] W.P. Novinger, *Mean convergence in L^p spaces*, Proc. Ameri. Math. Soc. **34** (1972), 627–628.

第 5 章

Lebesgue 非可測集合と Borel 集合体

前節まで $\mathbb{R}^n$ 上の Lebesgue 測度を主に扱ってきたが，測度にはほかにも様々なものがある．例えば絶対可積分な非負値関数 $f(x)$ から Lebesgue 測度と絶対連続となる測度を $f(x)d\mu(x)$ として構成することが可能である．より一般に与えられた測度 μ により，考える測度空間の部分集合 A が一般に可則であるかどうかは吟味を必要とする．実際，選択公理を採用すると可則とならない部分集合が構成されてしまう[*1]．

G. Vitali

5.1　Legesgue 非可測集合の存在

Vitali (ヴィタリ)[*2]は選択公理と有理数を用いて実数の部分集合で Lebesgue 非可測な集合を構成した．ここでは $\mathbb{R}$ の部分集合で Lebesgue 非可測集合が存在することを猪狩惺 [4] に従って選択公理を認めて示す．あらかじめわかることとして，Lebesgue 測度の完備性 (定理 2.6) から，もし Lebesgue 非可測集合があればその Lebesgue 外測度は正となる．

> **命題 5.1（Lebesgue 非可測集合の存在）**　$\mathbb{R}$ の部分集合 U で Lebesgue 非可測なものが存在する．

証明には次の補題を利用する．

[*1]　選択公理を仮定しないと非可則集合の構成はできない．仮定しないと測度論はずっと簡単なのだが．…

[*2]　Giuseppe Vitali (1875–1932)．イタリアの数学者．測度論における被覆定理や収束定理が有名．Lebesgue 非可測集合を構成した (1905)．

> **補題 5.2** $\mathbb{R}$ の部分集合 B で次の二つの条件を満たすものが存在する.
>
> (1) B の各元は $\mathbb{Q}$ 上で一次独立である. すなわち任意個の $\{e_1, e_2, \cdots, e_k\} \subset B$ に対して $r_1, r_2 \cdots, r_k \in \mathbb{Q}$ で $\displaystyle\sum_{j=1}^{k} r_j e_j = 0$ ならば $r_1 = r_2 = \cdots = r_k = 0$ となる.
>
> (2) 任意の $x \in \mathbb{R}$ は有限個の B の元の有理数線形結合で表せる.

このような集合 B の存在は選択公理を認めると構成できる.

補題 5.2 の証明. $\mathcal{I}$ を $\mathbb{R}$ の部分集合で, 係数を有理数 $\mathbb{Q}$ とした際に互いに一次独立なもの全体とする. $\{\sqrt{2}\}, \{\sqrt{3}\}, \{\sqrt{3}, \sqrt{5}\}$, はいずれも $\mathcal{I}$ に含まれるが $2\sqrt{2} + 5\sqrt{3}$ は $\mathcal{I}$ には含まれない. $\mathcal{I}$ に集合の包含関係による順序を入れると, $\mathcal{I}$ は半順序集合となる.

ここで $\mathcal{I}_t = \{I_\alpha; \alpha \in A\}$ を $\mathcal{I}$ の任意に与えられた全順序部分集合とする. ただし A は元 α の添え字集合で, 非加算集合を許すものとする. すなわち $\mathcal{I}_t \subset \mathcal{I}$ であって, $\mathcal{I}_t$ の任意の要素 $I_{\alpha_1}, I_{\alpha_2}$ に対しては必ず $I_{\alpha_1} \preceq I_{\alpha_2}$ (つまり $I_{\alpha_1} \subset I_{\alpha_2}$) あるいは $I_{\alpha_1} \succeq I_{\alpha_2}$ (つまり $I_{\alpha_1} \supset I_{\alpha_2}$) のいずれかが成り立つ.

このとき $\bigcup_{\alpha \in A} I_\alpha$ を考える. これは $\mathcal{I}_t$ に含まれる元 I_α の合併はすべての I_α を含む $\mathcal{I}$ の部分集合となる. 実際任意の $J_1, J_2, \cdots J_n \in \bigcup_{\alpha \in A} I_\alpha$ ならば各 J_k を含む I_{α_k} が存在してそれぞれは元の $\mathcal{I}_t$ に属するからそれぞれに順序がある. 従って $\{I_{\alpha_k}\}_k$ の中から最大元 I_{max} を取り出すことができる. このとき $J_1, J_2, J_2, \cdots J_n \subset I_{max}$ であって I_{max} の元は $\mathbb{Q}$ を係数にして一次独立であったから, $J_1, J_2, \cdots J_n$ も一次独立である. このことは $\mathcal{I}$ の任意の全順序部分集合が最大元を持つ, すなわち $\mathcal{I}$ が帰納的であることを意味する.

Zorn の補題の主張:「任意の順序集合 $\mathcal{I}$ が帰納的であるとき, $\mathcal{I}$ には極大元が存在する」を認めることとする. すなわち極大元が存在するので, それを B とおくことにすると, B の各元は Q 上で一次独立である. すなわち補題の条件 (1) が成立する. またもしある $J_s \subset \mathbb{R}$ が存在して $J_a \notin B$ とすると, すなわち任意の $I_1, I_2, \cdot I_n \in B$ といかなる n 個の有理数の組 $\{r_k\}_k \in \mathbb{Q}$ を持ってしても

$$J_s = r_1 I_1 + r_2 I_2 + \cdots r_n I_n$$

とは表せないとすると $J_s \cup B$ は $\mathbb{Q}$ 上一次独立となるので, $\mathcal{I}$ に含まれるが, $B \subsetneq J_s \cup B$ だから B が極大元であることに反する. よって B は (2) を満たす. □

命題 5.1 の証明. 補題 5.2 の各条件を満たす $\mathbb{R}$ の部分集合を B とする. $e_1 \in B$ を一つ固定して B から取り除きそれを e_0 として[*3)]その有限有理係数線形結合

[*3)] e_k の番号を付け替えて e_{k-1} とする.

からなる集合

$$A = \Big\{ x = \sum_{j=1}^{k} r_j e_j, \ e_j \in B \setminus e_0, r_j \in \mathbb{Q} \Big\}$$

を考える. A が可測と仮定して矛盾を導く.

Claim 1: $\mu(A) > 0$ を示す. A を可測と仮定しているので，任意の有理数 $r \in \mathbb{Q}$ と e_0 について $A + re_0$ も可測，かつ $\mu(A + re_0) = \mu(A)$. ところが補題 5.2 (2) から

$$\mathbb{R} = \bigcup_{r \in \mathbb{Q}} (A + re_0)$$

なので

$$\infty = \mu(\mathbb{R}) = \mu \left(\bigcup_{r \in \mathbb{Q}} (A + re_0) \right) \leq \sum_{r \in \mathbb{Q}} \mu(A).$$

よって $\mu(A) > 0$.

Claim 2: $(A + re_0) \cap (A + se_0) \neq \emptyset, r \neq s \in \mathbb{Q}$ となる $r, s \in \mathbb{Q}$ が存在する.

反対にもしそのような有理数 r, s が一つもないとすると任意の $r, s \in \mathbb{Q}$ に対して $(A + re_0) \cap (A + se_0) = \emptyset$ だから特に任意の $n \in \mathbb{Z}$ に対しても $(A|_{[n,n+1)} + re_0) \cap (A|_{[n,n+1)} + se_0) = \emptyset$. 一方 $\mu(A) > 0$ だから少なくともある n について $\mu(A|_{[n,n+1)}) > 0$ である. よって Lebesgue 測度の完全加法性から

$$\mu \big(\bigcup_{r \in \mathbb{Q} \cap (0,1)} (A|_{[n,n+1)} + re_0) \big)$$

$$= \sum_{r \in \mathbb{Q} \cap (0,1)} \mu \big((A|_{[n,n+1)} + re_0) \big)$$

(可測集合を re_0 だけ平行移動しても測度は不変だから)

$$= \sum_{r \in \mathbb{Q} \cap (0,1)} \mu \big(A|_{[n,n+1)} \big)$$

(同じ正の数を可算回加えるので)

$$= \infty$$

であるが，

$$\bigcup_{r \in \mathbb{Q} \cap (0,1)} (A|_{[n,n+1)} + re_0) \subset [n - \max r |e_0|, n + 1 + \max r |e_0|)$$

だから左辺は有限のはずである. 矛盾.

Claim 3: A は可測でない.

Claim 2 で存在を示した $A + re_0 \cap A + se_0 \neq \emptyset$ なる異なる有理数 $r, s \in \mathbb{Q}$ を選ぶ. このとき $x \in A + re_0 \cap A + se_0$ が存在して $x = \sum_{j} r_j e_j + re_0 =$

$\sum\limits_k r'_k e'_k + s e_0$ と書ける．ここで $\{r_j, r'_k\} \subset \mathbb{Q}$, $\{e_j, e'_k, e_0\} \subset B$ である．特に

$$\sum_j r_j e_j - \sum_k r'_k e'_k = (s - r) e_0$$

であるが左辺は A に属すので右辺も A に属する．これは $e_0 \notin A$ に反する．従って A が可測と仮定したことで矛盾が生じた． □

5.2 Borel 集合と σ 集合体

開集合は位相のみならず解析のいろいろな場面で便利な概念だが，測度との関係はここまでの議論では不明でいある．このことを説明するために σ 集合族を含む最小の集合体という概念を導入して $\mathbb{R}^n$ 上の Borel 集合体を導入する[*4]．

$\mathbb{R}^n$ 上の可測集合全体 $\mathcal{M}$ は σ 集合体であったが，一般に与えられた $\mathbb{R}^n$ の部分集合 A に対してそれを含む最小の σ 集合体を考える．これを $[A]_\sigma$ と表すことにする．

F.É.J.É. Borel

<u>定義</u> (Borel 集合体)．$\mathcal{O}$ を $\mathbb{R}^n$ の開集合全体の集合とするとき $\mathcal{O}$ を含む最小の σ 集合体 $[\mathcal{O}]_\sigma$ を $\mathbb{R}^n$ の **Borel 集合体** そこに属す集合を **Borel 集合** と呼ぶ．すなわち，

- $\mathcal{O} \subset [\mathcal{O}]_\sigma$.
- $[\mathcal{O}]_\sigma$ は σ 集合体.
- もし σ 集合体 $\mathcal{K}$ があって $\mathcal{O} \subset \mathcal{K}$ ならば $[\mathcal{O}]_\sigma \subset \mathcal{K}$.

定義から閉集合全体の集合 $\mathcal{F}$ を含む最小の σ 集合体 $[\mathcal{F}]_\sigma$ も Borel 集合体であって $[\mathcal{F}]_\sigma = [\mathcal{O}]_\sigma$ である．

実軸上の Borel 集合体は簡潔な対象だけに特に重要である．次の記号を定義だけにとどめて述べる．

<u>定義</u>．開集合の加算個の共通部分で与えられる集合全体を G_δ，閉集合の加算個の合併で与えられる集合全体を F_σ と表す．

G_δ も F_σ も定義から Borel 集合体に含まれるがさらに

任意の Lebesgue 可測集合 $= [G_\delta$集合$] -$ 零集合 $= [F_\sigma$ 集合$] +$ 零集合

と表されることがわかる．実際次の命題が成り立つ．

[*4]   Félix É.J. Émile Borel (1871–1956). フランスの数学者．測度論の創始者の一人．確率論を研究した．Darboux に師事し，Lebesgue を指導した．数学者であった Painlevé 内閣で海軍大臣を勤め，第二次大戦中はレジスタンスとして活動した．

命題 **5.3** A を $\mathbb{R}^n$ の任意の可測集合とする。このとき任意の $\varepsilon > 0$ に対してある開集合 O が存在して $A \subset O$ かつ $\mu(O \setminus A) < \varepsilon$ とできる。特に O は Borel 集合から選べる。

命題 5.3 の証明. 証明の本質は Lebesuge 測度の定義にある。A は可測だから $\mu(A) = \mu^*(A)$ である。外測度の定義から任意の $\varepsilon > 0$ に対してある加算個の矩形族の列 $\mathcal{R}_n = \{R_{n,k}\}_{k \in \mathbb{N}}$ があって十分大きい n について $A \subset \bigcup_k R_{n,k}$ かつ

$$\mu^*\left(\bigcup_k R_{n,k}\right) \leq \mu^*(A) + \varepsilon$$

とできる。特に各矩形を $[a_1, b_1) \times [a_2, b_2) \times \cdots [a_n, b_n)$ と表して各区間を開区間に変えたものと測度は変わらない。さらに $R_{n,k}$ の各元 x に対してその δ-近傍全体 $[R_{n,k}]_\delta \equiv \bigcup_{x \in R} B_\delta(x)$ は開集合であって δ を十分小さく選んで $\delta^n < 2^{-(k+1)}\varepsilon$ とすれば $A \in \bigcup_k [R_{n,k}]_\delta$ かつ

$$\mu^*(\cup_k [R_{n,k}]_\delta) \leq \mu^*(A) + \varepsilon/2$$

とできる。特に $\bigcup_k [R_{n,k}]_\delta = O$ である。 $\square$

系 **5.4** A を $\mathbb{R}^n$ の任意の有界可測集合とする。このとき任意の $\varepsilon > 0$ に対してあるコンパクト集合 K が存在して $K \subset A$ かつ $\mu(A \setminus K) < \varepsilon$ とできる。

<u>問題 25</u>. この系を命題 5.3 に習って証明せよ。

 $\mathbb{R}$ 上の任意の Borel 集合は Lebesuge 可測集合である。これは $\mathbb{R}$ 上の開集合が開区間の族で (加算集合和) で表され，一つ一つの開区間は可測集合だからである。すなわち

Borel 集合体 $\subset$ Lebesgue 可測集合全体

が成り立つ。実際はこの包含関係は等号にはならず，Borel 集合でない Legesgue 可測集合が存在することが知られている。

<u>定義</u>. $\mathbb{R}^n$ 上の Lebesgue 可測集合を Borel 集合に制限したものを **Borel 可測集合**という。Borel 可測集合全体を $\mathcal{B}$ と記す。また任意の Borel 集合 E 上で定義された函数 f に対して $\lambda > 0$ について $\{x \in E; f(x) > \lambda\}$ が Borel 可測となるとき f は **Borel 可測函数**であるという。

命題 **5.5** $\mathbb{R}$ 上の区間 $I = (a, b)$ 上で単調な函数 f は Borel 可測である。

 実際 f が単調非減少ならば，任意の $\lambda > 0$ に対してその分布集合

$$E_f(\lambda) = \{x \in I; f(x) > \lambda\}$$

は連結区間 $\left(f^{-1}(\lambda), b\right)$ あるいは $\left[f^{-1}(\lambda), b\right)$ と一致する．ここで $f^{-1}(\lambda) =$ $\inf\{x \in I; f(x) > \lambda\}$ とする．これは連結開区間，あるいは可算回の開区間の共通集合で表されるから Borel 可測である．よって f は Borel 可測函数．はじめの区間 I が閉区間や半開区間であっても，相対位相を入れることで同様の推論が可能であり，一般に単調函数は Borel 可測となる．

実は $\mathbb{R}^n$ の Borel 可測集合の Lebesgue 測度による完備化が Lebegue 可測集合となることがわかる．

$$\mathcal{B} \text{ の Lebesgue 測度による完備化} = \mathcal{M}.$$

Borel 可測を考える最大の利点は次の定理に現れる，

定理 5.6 $\mathbb{R}$ 上の Borel 可測函数 $z = g(y)$ と可測函数 $y = f(x)$ との合成函数 $z = g(f(x)) = g \circ f(x)$ は Lebesgue 可測函数である．

定理 5.6 の証明． $\{x; g(f(x)) > \lambda\} = \{x; f(x) \in \{y; g(y) > \lambda\}\}$ で $g(y)$ は $\mathbb{R}$ 上の Borel 可測函数だから $\{y; g(y) > \lambda\}$ は Borel 集合である．従って B を任意の Borel 集合とするとき $\{x; f(x) \in B\}$ が可測であることを示せば十分である．

このことを示すために

$$\mathcal{K} = \big\{K \subset \mathbb{R}; \{x; f(x) \in K\} \in \mathcal{M}\big\}$$

なる集合族が任意の開区間を含む σ 集合体になっていることを示す．

- $\mathbb{R} \in \mathcal{K}$ である．実際 $(K = \mathbb{R}$ として$)$ $\{x; f(x) \in \mathbb{R}\}$ は $f(x)$ の値域であって $= \bigcup_\lambda \{x; f(x) > \lambda\}$ と表されるからこれは可測集合である．また $\phi \in \mathcal{K}$ である．このとき $\{x; f(x) \in \phi\} = \phi$ かつ $\phi \in \mathcal{M}$ だから．

- $K_1, K_2, \dots \in \mathcal{K}$ とする．このとき各 k について集合 $\{x; f(x) \in K_k\}$ は可測集合であるから特に

$$\Big\{x; f(x) \in \bigcup_k K_k\Big\} = \bigcup_k \Big\{x; f(x) \in K_k\Big\}.$$

可測集合は σ 集合体ゆえこれは可測集合．すなわち $\bigcup_k K_k \in \mathcal{M}$．

- $K \in \mathcal{K}$ とする．このとき

$$\{x; f(x) \in K^c\} = \{x; f(x) \in K\}^c.$$

右辺は可測集合だから $K^c \in \mathcal{K}$．

- $\mathcal{K}$ は任意の開区間を含む．実際，開区間を $I = (a, b)$ とおくと $\{x; a < f(x) < b\} = \{x; a < f(x)\} \setminus \{x; f(x) \le b\}$ は可測集合．よって $I \in \mathcal{K}$ で

ある.

以上により，$\mathcal{K}$ は任意の開区間を含む σ 集合体であることがわかった．$\mathcal{B}$ は任意の開集合を含む最小の σ 集合体だったから[*5] $\mathcal{B} \subset \mathcal{K}$ である．特に任意の Borel 集合 $B \in \mathcal{B}$ に対して $\{x; f(x) \in B\} \in \mathcal{M}$ である．従って $g \circ f(x) = g(f(x))$ は可測函数である． $\qquad\square$

注意: 一般に可測函数同士の合成函数は可測になるとは限らない．実際，$Q \in [0,1]$ を Lebesgue 非可測集合とする．Cantor 函数 $c(x)$ により Cantor 集合 C と $[0,1]$ は一対一対応であったのでその逆函数 $c^{-1}(x) : [0,1] \to C$ を考えるとこれも可測函数となる．(集合 $\{x \in [0,1]; c^{-1}(x) > \lambda\} = \{x \in [0,1]; x > c(\lambda)\}$ で $c(x)$ が可測ゆえ $c^{-1} : [0,1]$ の像は可測集合.) $c^{-1} : Q \to C_Q$ とおく．すなわち Lebesgue 非可測集合を Cantor 函数の逆で対応させた Cantor 集合の部分集合を C_Q とおく．いま g を C_Q の定義函数

$$g(x) = \begin{cases} 1, & x \in C_Q, \\ 0, & x \in [0,1] \setminus C_Q \end{cases}$$

とする．このとき C_Q は Cantor 集合の部分集合で特に零集合であるから測度の完備性から，可測集合．よって $g(x)$ は可測函数となる．一方，$g(c^{-1}(x))$ は Q の定義函数であるから Q の定義から非可測函数である．

5.3 Luzin の定理

> **定理 5.7（Luzin の定理）**[*6]
> E を $\mu(E) < \infty$ なる可測集合，f は E 上の可測函数で E 上 almost everywhere で有限であるとする．このとき任意の $\varepsilon > 0$ に対してあるコンパクト集合 K が存在して
> - $K \subset E$ かつ $\mu(E \setminus K) < \varepsilon$,
> - f は K 上連続となる.

定理 5.7 の証明.

● f が単函数で与えられているとする．すなわち可測集合列 $\{E_k\}_k$ とその特性函数 χ_{E_k} によって

$$f(x) = \sum_{k=1}^{n} a_k \chi_{E_k}(x)$$

と表される．可測集合 E_k の継ぎ目の部分を取り除いたコンパクト集合 C_k で

[*5]　開区間 ⊂ 開集合に注意.

[*6]　Nikolai N. Luzin (1883–1950). ソビエトの数学者．Egorov の指導を受ける．A. Khinchin, P.S. Alexandrov, N. Kolmogorov, A. Lyapunov, L.A. Ljusternik, L. Schnirelmann P. Urysohn らなど多数の著名な数学者を指導した．Luzin 事件で反体制派と見なされ糾弾される.

$C_k \subset E_k$ と選ぶと任意の $\varepsilon > 0$ に対して $\mu(E_k \setminus C_k) < \varepsilon/2^k$ ととることができる. このとき $\cup_{k=1}^n C_k$ はコンパクト集合であって $\mu(\cup_k E_k \setminus \cup_k C_k) < \varepsilon$ とできる.

$f(x)$ は各 E_k 上で定数であるから連続函数である.

- f が可測函数で非負であるとする. 一般の場合には正の部分と負の部分に分解することにより非負の場合に帰着される. f を近似する単函数列を f_n とする. 各 f_n は単函数だから前半の主張からあるコンパクト集合 $K_n \subset E$ が存在して $\mu(E \setminus K_n) < \varepsilon/2^{n+1}$ かつ f_n は K_n 上連続とできる. さらに $K = \cap_k K_k$ とおくと K はコンパクト集合の加算共通集合だからコンパクト (閉性は共通集合だから OK, 有界集合の共通部分だから有界集合). かつ

N.N. Luzin

$$\mu(E \setminus K) = \mu(E \setminus \cap_k K_k) = \mu\big(\cap_k (E \setminus K_k)\big) \leq \sum_k \mu(E \setminus K_k) < \varepsilon/2.$$

さて Egorov の定理 (定理 4.7) からある可測集合 $F \subset E$ がとれて f_n は f に一様させることができるが系 5.4 からこの F としてコンパクト集合を選ぶことができる. 従って E を K, F を K_0 とそれぞれ置き直すと $K_0 \subset K \subset E$ such that $\mu(K \setminus K_0) < \varepsilon/2$ かつ $f_n \to f$ $(n \to \infty)$ 一様収束とできる. 従って f_n は f に K_0 上一様収束し, 従って f は K_0 上連続函数となりさらに $\mu(E \setminus K_0) \leq \mu(E \setminus K) + \mu(K \setminus K_0) < \varepsilon$ とできる. □

Luzin の定理は Egorov の定理の拡張といえる.

5.4 Caratheodory の判定条件

ここで今一度一般の測度に立ち戻って考える.

<u>定義</u>. μ^* を $\mathbb{R}^n$ 上で定義された (Lebesgue 外測度とは限らない) 外測度とする. μ^* から定義された測度 μ がすべての Borel 集合を可測にするとき, μ を **Borel 測度**という.

Lebesgue 測度は Borel 測度の一種である. また任意の非負値可積分函数 $f(x) : \mathbb{R}^n \to \mathbb{R}_+$ と Lebesgue 測度 μ と可測集合 $A \in \mathcal{M}$ に対して

$$\mu_f(A) \equiv \int_A f(x) d\mu(x)$$

とおけば, μ_f は Borel 測度となる.

次の定理は与えられた外測度が Borel 測度となる判定条件を与えたものである.

定理 5.8（**Carathéodory の判定条件**）　μ^* を $\mathbb{R}^n$ 上で定義された外測度とする．もし μ^* が任意の集合 $A, B \subset \mathbb{R}^n$ で

$$\mathrm{dist}(A, B) = \inf\{|a - b|; a \in A, \, b \in B\} > 0$$

なるものに対していつでも

$$\mu^*(A \cup B) = \mu^*(A) + \mu^*(B)$$

を満たすならば μ^* から生成される測度 μ は Borel 測度となる．

定理 5.8 の証明． 任意の $\mathbb{R}^n$ の閉集合 C を選ぶとき C が μ^* で可測となることを示せば Borel 集合は σ 集合体で可測性について閉じており $\mu^* = \mu$ は Borel 測度となることがわかる．

そこで任意の集合 $E \subset \mathbb{R}^n$ に対して

$$\mu^*(E) \geq \mu^*(E \cap C) + \mu^*(E \setminus C) \tag{5.1}$$

を示す．$\mu^*(E) < \infty$ と仮定してよい（さもなくば (5.1) は自明）．$E \cap C = \emptyset$ または $E \setminus C = \emptyset$ の場合も自明．よって $E \cap C \neq \emptyset$, $E \setminus C \neq \emptyset$ とする．自然数 $n = 1, 2, \cdots$ に対して

$$C_n \equiv \left\{ x \in \mathbb{R}^n, \mathrm{dist}(x, C) \leq \frac{1}{n} \right\}$$

とおく．ここで $\mathrm{dist}(x, C)$ は点 x と集合 C の最短距離を表し

$$\mathrm{dist}(x, C) = \inf_y \left\{ |x - y|; \forall y \in C \right\}$$

である．このとき C_n は閉集合である．このとき $E \setminus C_n \neq \emptyset$ ならば

$$\mathrm{dist}(E \cap C, E \setminus C_n) > 0$$

であるから（これを示せ），μ^* の仮定より

$$
\begin{aligned}
\mu^*(E \cap C) + \mu^*(E \setminus C_n) &= \mu^*\big((E \cap C) \cup (E \setminus C_n)\big) \\
&= \mu^*\big((E \cap C) \cup (E \cap C_n^c)\big) \\
&= \mu^*\big(E \cap (C \cup C_n^c)\big) \leq \mu^*(E).
\end{aligned}
\tag{5.2}
$$

$E \setminus C_n = \emptyset$ ならば上の不等式 (5.2) は自動的に成り立つ．

次にリング状領域

$$R_k = \left\{ x \in E; \frac{1}{k+1} < \mathrm{dist}(x; C) \leq \frac{1}{k} \right\}$$

を考えると $\mathrm{dist}(R_m, R_{m+2}) > 0$ であるので仮定を帰納的に繰り返して用いれば任意の自然数 m に対して

$$\sum_{k=1}^{m} \mu^*\left(R_{2k}\right) = \mu^*\left(\bigcup_{k=1}^{m} R_{2k}\right) < \mu^*(E),$$

$$\sum_{k=1}^{m} \mu^*\left(R_{2k-1}\right) = \mu^*\left(\bigcup_{k=1}^{m} R_{2k-1}\right) < \mu^*(E).$$

従って上の 2 式の辺々を加えて $m \to \infty$ とすれば右辺は m によらないので

$$\sum_{k=1}^{\infty} \mu^*\left(R_k\right) \leq 2\mu(E) \tag{5.3}$$

を得る．このとき μ^* の劣加法性を用いれば

$$\mu^*(E \setminus C_n) \leq \mu^*(E \setminus C) \leq \mu^*\left((E \setminus C_n) \cup \bigcup_{k=n}^{\infty} R_k\right)$$

$$\leq \mu^*(E \setminus C_n) + \sum_{k=n}^{\infty} \mu^*(R_k). \tag{5.4}$$

よって (5.3) に注意して (5.4) より

$$\lim_{n \to \infty} \mu^*(E \setminus C_n) \leq \mu^*(E \setminus C)$$

$$\leq \lim_{n \to \infty} \mu^*(E \setminus C_n) + \lim_{n \to \infty} \sum_{k=n}^{\infty} \mu^*(R_k)$$

$$\leq \lim_{n \to \infty} \mu^*(E \setminus C_n)$$

を得る．(5.2) において $n \to \infty$ とすると (5.1) が成り立つことがわかる．これにより任意の閉集合は μ^*-可測. $\qquad\square$

第 6 章
直積測度と Fubini の定理

Riemann 積分の重要な性質の一つとして高次元積分と重積分の交換性ということが挙げられる．Fubini (フビニ) の定理として知られるこの定理は面積は長さと長さのあるいは体積は面積と長さの積であるという直感的な事実の反映である．Lebesgue 積分においてもこの性質は継承される．そこではまず次元の異なる測度相互の関係を明らかにする必要がある．以下直積空間における測度を導入してその積分版である Fubini の定理を述べる．

6.1 単調族と σ 集合体

二つの測度空間 $(\Omega_1, \mathcal{M}_1, \mu_1)$ と $(\Omega_2, \mathcal{M}_2, \mu_2)$ に対して Ω_1 と Ω_2 の直積集合 $\Omega_1 \times \Omega_2$ 上に μ_1 と μ_2 で定義される測度をいれる．こうした測度を直積測度と呼ぶ．この節では，直積測度の導入に欠かせない，単調族 (λ - system) の概念を定義する．

<u>定義</u>. Ω の中の集合族 (必ずしも可測である必要は無い) $\mathcal{A}$ が **単調族** (あるいはそれぞれ単調増加族・単調減少族) であるとは

- $\{A_k\}_k \subset \mathcal{A}$, $A_k \nearrow A$ のときは必ず $A \in \mathcal{A}$,
- $\{A_k\}_k \subset \mathcal{A}$, $A_k \searrow A$ のときは必ず $A \in \mathcal{A}$

のそれぞれが，またはその双方が成り立つとき．

$\Omega \subset \mathbb{R}^n$ の部分集合族 $\mathcal{F}$ に対して，$\mathcal{F}$ を含む最小の単調族を考えてそれを $[\mathcal{F}]_m$ と記すことにする．すなわち

- $\mathcal{F} \subset [\mathcal{F}]_m$.
- $[\mathcal{F}]_m$; 単調族.
- もしある単調族 $\mathcal{K}$ が $\mathcal{F} \subset \mathcal{K} \subset [\mathcal{F}]_m$ を満たせば $[\mathcal{F}]_m = \mathcal{K}$.

これは有限加法体からそれを含む最小の σ 集合体を構成したのに似ている．単

調族の典型例は σ 集合体である. つまり:

命題 **6.1** Ω の部分集合体 $\mathcal{K}$ が σ 集合体ならばそれは単調族である.

命題 6.1 の証明. 証明は容易である. 例えば $A_k \in \mathcal{K}$ かつ $A_k \nearrow A$ とする. いま $\mathcal{K}$ は σ 集合体だから $A = \bigcup_{k \in \mathbb{N}} A_k \subset \mathcal{K}$. 単調減少の場合も同一. □

以下で示すとおりある集合族から生成される最小の単調族と最小の σ 集合体は一致する.

命題 **6.2** Ω の部分集合の族 $\mathcal{F}$ が有限集合体 (集合演算に閉じている) ならば $\mathcal{F}$ から生成された最小の σ 集合体: $[\mathcal{F}]_\sigma$ は $\mathcal{F}$ を含む最小の単調族である. すなわち $[\mathcal{F}]_\sigma = [\mathcal{F}]_m$.

命題 6.2 の証明. $[\mathcal{F}]_\sigma$ は $\mathcal{F}$ を含む単調族である (命題 6.1 より).

従って $[\mathcal{F}]_\sigma$ の最小性を示せばよい. そこでいま,

$$\mathcal{F} \subset \mathcal{K} \subset [\mathcal{F}]_\sigma$$

なる単調族 $\mathcal{K}$ で最小のもの($\mathcal{K} = [\mathcal{F}]_m$ ということ) をとる. このときまず $\mathcal{K}$ が有限集合体:

(1) $\emptyset \in \mathcal{K}$,

(2) $A \in \mathcal{K}$ ならばその補集合 $A^c \in \mathcal{K}$,

(3) $A, B \in \mathcal{K}$ ならば $A \cap B \in \mathcal{K}$ かつ $A \cup B \in \mathcal{K}$.

となることを示す.

実際 (1) は $\mathcal{F} \subset \mathcal{K}$ かつ $\mathcal{F}$ が有限集合体なので $\emptyset \in \mathcal{K}$ より明白.

(2) を示すには

$$\mathcal{G} = \{K; K \in \mathcal{K} \text{ かつ } K^c \in \mathcal{K}\}$$

と定義すると, まず $\mathcal{F} \subset \mathcal{G}$ がわかる. 実際, $\mathcal{F}$ は $\mathcal{K}$ の部分集合族であって, 有限集合体だから補集合をとることに閉じている. 次に $K_n \in \mathcal{G}$ で $K_n \nearrow K$ と仮定すると $\mathcal{K}$ は単調族ゆえ $K \in \mathcal{K}$. このとき $K_n^c \searrow K^c$ かつ $K_n^c \in \mathcal{K}$ で $\mathcal{K}$ の単調性から $K^c \in \mathcal{K}$ も従う. 反対にはじめから $K_n \in \mathcal{G}$ で $K_n \searrow K$ と仮定すれば $K \in \mathcal{K}$ と $(K_n^c \nearrow K^c$ だから$)$ $K^c \in \mathcal{K}$ も $\mathcal{K}$ が単調族であることから従う. 従って $K \in \mathcal{G}$. すなわち $\mathcal{G}$ も単調族である. いま $\mathcal{G}$ は $\mathcal{F}$ を含んでいて $\mathcal{F} \subset \mathcal{G} \subset \mathcal{K}$ であるが $\mathcal{K}$ は $\mathcal{F}$ を含む最小の単調族なので $\mathcal{G} = \mathcal{K}$. これは $K \in \mathcal{K}$ ならば $K^c \in \mathcal{K}$ となることを示している.

(3) 同様にして任意の $A \in \mathcal{F}$ を固定して

$$\mathcal{H} = \{K; K \in \mathcal{K}, A \cap K \in \mathcal{K}\}$$

とおく. $\mathcal{H}$ が $\mathcal{F} \subset \mathcal{H} \subset \mathcal{K}$ なる単調族であることを示せばよい. $\mathcal{H} \subset \mathcal{K}$ は明白. $\mathcal{F} \subset \mathcal{H}$ を示す. $\mathcal{F}$ が有限集合族だから $K \in \mathcal{F}$ に対して $A \in \mathcal{F}$ だから

$A \cap K \in \mathcal{F} \subset \mathcal{K}$ である．よって $K \in \mathcal{H}$. これは $\mathcal{F} \subset \mathcal{H}$ を表す．次に単調列 $\{K_n\} \subset \mathcal{H}, K_n \nearrow K$ をとると，任意の $A \in \mathcal{F}$ に対して ($K_n \in \mathcal{H}$ なので) $K_n \cap A \in \mathcal{K}$. 一方 $K_n \cap A \nearrow K \cap A$ かつ $\mathcal{K}$ は単調族だから $K \cap A \in \mathcal{K}$. これは $K \cap A \in \mathcal{H}$ を意味する．同様に単調列 $\{K_n\} \subset \mathcal{H}, K_n \searrow K$ をとると，$K_n \cap A \searrow K \cap A$ から $K \cap A \in \mathcal{K}$ もわかり，$K \in \mathcal{H}$ これは $\mathcal{H}$ が単調族であることを示している．いま $\mathcal{K}$ は $\mathcal{F}$ を含む最小の単調族であったから $\mathcal{F} \subset \mathcal{H} \subset \mathcal{K}$ から $\mathcal{H} = \mathcal{K}$ となる．

次に今度は任意の $\underline{A \in \mathcal{K}}$ に対して

$$\mathcal{I} = \{K; K \in \mathcal{K}, A \cap K \in \mathcal{K}\}$$

とおく．いま $K \in \mathcal{F}$ を任意にとると $A \in \mathcal{K}$ かつ $\mathcal{F} \subset \mathcal{K} = \mathcal{H}$ だから，$K \cap A \in \mathcal{H} = \mathcal{K}$ これは $K \in \mathcal{I}$ を意味する．すなわち $\mathcal{F} \subset \mathcal{I}$ さらに，任意の $\mathcal{I}$ 上の単調列 $\{K_n\}_n \nearrow K$ または $\{K_n\}_n \searrow K$ に対して $K_n \cap A \nearrow K \cap A \ (n \to \infty)$ または $K_n \cap A \searrow K \cap A \ (n \to \infty)$ だから $\mathcal{K}$ の単調性から $K \cap A \in \mathcal{K}$. これは $\mathcal{I}$ も単調族であることを示している．以上により $\mathcal{F} \subset \mathcal{I} \subset \mathcal{K}$ かつ $\mathcal{I}$ は単調族である．一方 $\mathcal{K} = [\mathcal{F}]_m$ は $\mathcal{F}$ を含む最小の単調族だったので $\mathcal{I} = \mathcal{F}$. これは任意の $A, B \in \mathcal{K}$ に対して $A \cap B \in \mathcal{K}$ を示したことになる．$A \cup K$ に対しても同様の方法で示される．すなわち (3) が示された．

問題 26. 同様のやり方で $A \cup K \in \mathcal{K}$ を証明せよ．

次に単調族が有限集合体であれば σ 集合体となることを示す．

$$K_n \in \mathcal{K} \quad n = 1, 2, \cdots$$

に対して $\bigcup_{n=1}^{\infty} K_n \in \mathcal{K}$ を示せば十分．$B_n = \bigcup_{l=1}^{n} K_l \in \mathcal{K}$ とおくと $\{B_n\}_n$ は単調増加列．$\mathcal{K}$ は集合体ゆえに $B_n \in \mathcal{K}$. しかも $\mathcal{K}$ は単調族ゆえに $\lim_{n \to \infty} B_n \equiv \bigcup_{n=1}^{\infty} K_n \in \mathcal{K}$. 従って $\mathcal{K}$ は σ 集合体となる．

以上により $\mathcal{K}$ は $\mathcal{F}$ を含む σ 集合体であることがわかった．一方 $[\mathcal{F}]_\sigma$ は $\mathcal{F}$ を含む最小の σ 集合体であったので $\mathcal{K} = [\mathcal{F}]_\sigma$ でなければならない．よって $[\mathcal{F}]_\sigma$ の最小性が示された． $\qquad \square$

系 **6.3** Ω の有限集合体 $\mathcal{F}$ に対して，ある単調族 $\mathcal{K}$ があって $\mathcal{F} \subset \mathcal{K}$ ならば $[\mathcal{F}]_\sigma \subset \mathcal{K}$ となる．

系 **6.3** の証明．命題 6.1 より，$[\mathcal{F}]_\sigma = [\mathcal{F}]_m$ である．すなわち $[\mathcal{F}]_\sigma$ は $\mathcal{F}$ を含む最小の単調族なので特に $[\mathcal{F}]_\sigma = [\mathcal{F}]_m \subset \mathcal{K}$ $\qquad \square$

命題 6.2 には以下のような言い換えもある．

> **命題 6.4** Ω の部分集合族 $\mathcal{F}$ が有限集合体で $[\mathcal{F}]_m$ を $\mathcal{F}$ を含む最小の単調族を表すことにする．このとき $[\mathcal{F}]_m$ は σ 集合体であり，かつ $\mathcal{F}$ から生成される最小の σ 集合体 $[\mathcal{F}]_\sigma$ に一致する．

問題 27. この命題を証明せよ．

命題 6.4 の証明. $[\mathcal{F}]_m$ が有限集合体であることを示す．すなわち

(1) $\emptyset \in [\mathcal{F}]_m$,

(2) $A \in [\mathcal{F}]_m$ ならばその補集合 $A^c \in [\mathcal{F}]_m$,

(3) $A, B \in [\mathcal{F}]_m$ ならば $A \cap B \in \mathcal{A}$ かつ $A \cup B \in [\mathcal{F}]_m$.

のそれぞれを示す．

(1) は $\emptyset \in \mathcal{F} \subset [\mathcal{F}]_m$ より明白．

(2) は $\mathcal{G} = \{K \in [\mathcal{F}]_m ; K^c \in [\mathcal{F}]_m\}$ とおくと，$\mathcal{F}$ が有限集合体 ($K \in \mathcal{F} \Rightarrow K^c \in \mathcal{F} \subset [\mathcal{F}]_m$) から $\mathcal{F} \subset \mathcal{G}$. このとき $\mathcal{G}$ は単調族となる．実際 $\forall K_n \in \mathcal{G}$ $K_n \nearrow K$ とすると，$K_n^c \searrow K^c$ ゆえ $K^c \in [\mathcal{F}]_m$ から $K \in \mathcal{G}$. すなわち $\mathcal{G}$ は $\mathcal{F}$ を含む単調族となり $[\mathcal{F}]_m$ の最小性から $[\mathcal{F}]_m \subset \mathcal{G}$. よって $\forall K \in [\mathcal{F}]_m$ に対して $K^c \in [\mathcal{F}]_m$.

(3) も同様に任意の固定された $B \in \mathcal{F}$ に対して

$$\mathcal{H} = \{A \in [\mathcal{F}]_m ; A \cup B \in [\mathcal{F}]_m\}$$

とおけば $\mathcal{H}$ は $\mathcal{F}$ を含む単調族であることがわかる．実際，$A \in \mathcal{F}$ とすると $\mathcal{F}$ は有限集合体だから $B \in \mathcal{F}$ であれば $A \cup B \in \mathcal{F}$. $B \in \mathcal{F}$ は任意にとれるので $\mathcal{F} \subset \mathcal{H}$. さらに，$\{K_n\}_n \subset \mathcal{H} \subset [\mathcal{F}]_m$ かつ $K_n \nearrow K$ であれば任意の $B \in \mathcal{F}$ に対して $K_n \cup B \in \mathcal{F}$ かつ，$[\mathcal{F}]_m$ は単調族だから $K_n \cup B \nearrow K \cup B \in [\mathcal{F}]_m$. 同様に $\{K_n\}_n \subset \mathcal{H} \subset [\mathcal{F}]_m$ かつ $K_n \searrow K$ であれば $K_n \cup B \searrow K \cup B$ から $K \cup B \in [\mathcal{F}]_m$. これより $\mathcal{H}$ は単調族．$[\mathcal{F}]_m$ は最小の単調族ゆえ $\mathcal{H} = [\mathcal{F}]_m$.

今度は任意の固定された $B \in [\mathcal{F}]_m$ に対して

$$\mathcal{I} = \{A \in [\mathcal{F}]_m ; A \cup B \in [\mathcal{F}]_m\}$$

とおく．再び $\mathcal{K} \subset \mathcal{I} \subset [\mathcal{F}]_m$ かつ $\mathcal{I}$ が単調族であることがわかる．$\mathcal{I} \subset [\mathcal{F}]_m$ は定義から明らか．任意の $K \in \mathcal{F}$ をとれば $K \cap B$ は $\mathcal{H}$ に属す．かつ $\mathcal{H} = [\mathcal{F}]_m$ から $K \cap B \in [\mathcal{F}]_m$. 従って $K \in \mathcal{I}$. これは $\mathcal{F} \subset \mathcal{I}$ を意味する．$\mathcal{I}$ が単調族であることは同様にしてわかるが，$\mathcal{K} \subset \mathcal{I} \subset [\mathcal{F}]_m$ かつ $[\mathcal{F}]_m$ は最小の単調族だから，$\mathcal{I} = [\mathcal{F}]_m$.

$A, B \in [\mathcal{F}]_m$ ならば $A \cap B \in [\mathcal{F}]_m$ も同様にして示されるので (3) が成り立つ．

こうして $[\mathcal{F}]_m$ は有限集合体で単調族であることがわかったから命題 V-1 の証明と同様にして $[\mathcal{F}]_m$ は σ 集合体となる．

最後に，$[\mathcal{F}]_\sigma$ は $\mathcal{F}$ を含む最小の σ 集合体，一方 $[\mathcal{F}]_m$ は $\mathcal{F}$ を含む σ 集合体であることがわかったから $[\mathcal{F}]_\sigma \subset [\mathcal{F}]_m$. 他方 $[\mathcal{F}]_\sigma$ は $\mathcal{F}$ を含む単調族であるが，$[\mathcal{F}]_m$ の最小性より $[\mathcal{F}]_\sigma \supset [\mathcal{F}]_m$. すなわち $[\mathcal{F}]_\sigma = [\mathcal{F}]_m$. $\qquad\square$

6.2 直積空間と直積測度

二つの測度空間 $(\Omega_1, \mathcal{M}, \mu_1)$ と $(\Omega_2, \mathcal{N}, \mu_2)$ に対して Ω_1 と Ω_2 の直積集合

$\Omega_1 \times \Omega_2$ 上に μ_1 と μ_2 で定義される測度を導入する.

まず，単調集合列に対する以下の各命題を復習する:

命題 2.1 μ を $\mathbb{R}^n$ の完全加法測度とする.

(3) A_k が単調増大集合列ならば $\mu(\bigcup_{k=1}^{\infty} A_k) = \lim_{k \to \infty} \mu(A_k)$.

(4) A_k が単調減少集合列かつ $\mu(A_1) < \infty$ ならば $\mu(\bigcap_{k=1}^{\infty} A_k)$
$= \lim_{k \to \infty} \mu(A_k)$.

命題 3.4 $f_n(x)$ が可測函数列であるとき

(3) $\overline{\lim_{n \to \infty}} f_n(x)$,

(4) $\underline{\lim_{n \to \infty}} f_n(x)$

はいずれも可測である.

<u>定義</u>. $\mathcal{R}$ が $\Omega_1 \times \Omega_2$ 上の矩形集合族とは

$$\mathcal{R} = \{ K = \bigcup_{k:\text{finite}} E_k \times F_k \; ; \; E_k \in \mathcal{M}, F_k \in \mathcal{N} \}$$

と表せるときのこと. $\mathcal{R}$ は Ω_1 と Ω_2 の可測集合の直積集合 (の有限合併) の族である.

<u>定義</u>. $\Omega_1 \times \Omega_2$ 上の部分集合族 $\mathcal{R}$ に対して直積測度 $\mu \otimes \nu$ を以下で定義する. 任意の $K \in \mathcal{R}$ に対して，$K = \bigcup_k E_k \times F_k$ と書けたときに

$$\mu_1 \otimes \mu_2^*(K) = \sum_k \mu_1(E_k) \mu_2(F_k).$$

この測度から直積集合 $\Omega_1 \times \Omega_2$ 上に外測度 $\mu_1 \otimes \mu_2^*$ が導入できる. そして第 2 章における議論のように，この外測度から $\Omega_1 \times \Omega_2$ 上の可測集合族 $\mathcal{L}$ が定義され，その上での外測度 $\mu_1 \otimes \mu_2^*$ を直積空間の測度 $\mu = \mu_1 \otimes \mu_2$ という. この議論は直積空間の上という注意をのぞけば，第 2 章の議論と全く同一である. ここでは議論を簡単にするために $\Omega_1 \times \Omega_2$ 上の可測集合 $\mathcal{L}$ を $\mathcal{L} = [\mathcal{F}]_\sigma$ で与えることにする. 実際これは $\mathcal{L}$ を Borel 集合体 $[\mathcal{O}]_\sigma = [\mathcal{O}]_{\text{Borel}}$ とすれば，可測を Borel 可測と読み換えることにより正しくなる. 以下では<u>可測集合をすべて Borel 可測の意味で捉える</u>.

注意: 二つの完備測度 μ_1 と μ_2 の直積測度は一般に完備とはならない. 従って，直積測度による完備化を行う必要がある.

<u>定義</u>. 直積空間 $\Omega_1 \times \Omega_2$ (ただし $x \in \Omega_1, y \in \Omega_2$ とする) の部分集合 $E \in \Omega_1$

$\times \Omega_2$ に対して

- E の y-切り口 (切片) E_y とは $E_y = \{(x,y) \in \Omega_1 \times \{y\}\,;\,(x,y) \in E\}$.
- E の x-切り口 (切片) E_x とは $E_x = \{(x,y) \in \{x\} \times \Omega_2\,;\,(x,y) \in E\}$.

以下に可測集合に対する Fubini の定理[*1)]を示す.

定理 6.5 (Fubini の定理) $(\Omega_1, \mathcal{M}_1, \mu_1)$ と $(\Omega_2, \mathcal{M}_2, \mu_2)$ を二つの $\underline{\sigma}$ 有限な測度空間とする. またその直積測度空間を $(\Omega_1 \times \Omega_2, \mathcal{L}, \mu)$ とする. 集合 $E \subset \Omega_1 \times \Omega_2$ が $\mu = \mu_1 \otimes \mu_2$-可測 (すなわち $E \in \mathcal{L}$) とすると,

(1) E の y 切片 $E_y(x)$ は x-可測, E の x 切片 $E_x(y)$ は y-可測.

(2) $\mu_2(E(x,\cdot))$ は x-可測, $\mu_1(E(\cdot,y))$ は y-可測.

(3) 以下の等式が成り立つ.
$$\mu(E) = \int \mu_2(E_x) d\mu_1(x) = \int \mu_1(E_y) d\mu_2(y).$$

定理 6.5 の証明. (1)「切り口が Borel 可測である」ということを利用した最小の単調族かつ σ 集合族を構成し, それが $\Omega_1 \times \Omega_2$ 上の可測集合 (σ 集合体) となることを導く.

　E を $\mathcal{L}$ に属す, すなわち $\Omega_1 \times \Omega_2$ 上 $\mu = \mu_1 \otimes \mu_2$-可測とする.

$$\mathcal{F} = \left\{ \Omega_1 \times \Omega_2 上の矩形集合 : K = \bigcup_{k:\text{finite}} E_k \times F_k \right\},$$

$$\mathcal{K} = \left\{ E \subset \Omega_1 \times \Omega_2\,;\, \begin{array}{l} E_y\ (E \text{ の } y \text{ 切片}) \text{ が } x\text{-可測} \\ \text{かつ} \\ E_x\ (E \text{ の } x \text{ 切片}) \text{ が } y\text{-可測} \end{array} \right\}$$

G. Fubini

とおく.

　このとき

- $\mathcal{F}$ は有限集合体,
- $\mathcal{F} \subset \mathcal{K}$,
- $\mathcal{K}$ は単調族.

これらを示せば, 系 6.3 より $[\mathcal{F}]_m = [\mathcal{F}]_\sigma \subset \mathcal{K}$. すなわち, $\mathcal{L} = [\mathcal{O}]_\sigma = [\mathcal{F}]_\sigma$ だから (1) の主張が示されたことになる.

　上の各条件の内はじめの二つは明白である. 実際, $\mathcal{F}$ は $\mathcal{R}$ 上の有限集合体であり, また任意の $K \in \mathcal{F}$ はある $E_k \in \mathcal{M}_1$, $F_k \in \mathcal{M}_2$ に対して

$$K = \bigcup_{k:\text{finite}} E_k \times F_k$$

と表せたから, K_y は可測集合の列 E_k の合併となりそれは μ_1-可測. 同様に

---

*1)　Guide Fubini (1879–1943). イタリアの数学者. 積分の順序交換に関する論文は 1907 年.

x 切片についても示せて，結果として $K \in \mathcal{K}$ となる．

• $\mathcal{K}$ が単調族であることを示す．事実 $\{K_n\} \subset \mathcal{K}$ かつ $K_n \nearrow K$ とすると各 K_n においてその y 切片は x-可測かつ x 切片は y-可測．ここで各部分 Ω_1, Ω_2 での可測集合族 $\mathcal{M}_1, \mathcal{M}_2$ は σ 集合体であるから命題 6.1 より単調族．従って $(K_n)_y \in \mathcal{M}_1$ から $K_y \in \mathcal{M}_1$ かつ $(K_n)_x \in \mathcal{M}_2$ から $K_x \in \mathcal{M}_2$ これは $K \in \mathcal{K}$ を意味する．単調減少列 $\{\mathcal{K}_n\} \subset \mathcal{K}, \mathcal{K}_n \searrow K$ に対しても同様の議論で $K \in \mathcal{K}$ がわかる．従って $\mathcal{K}$ は単調族．

(2) 前述の (1) と類似に E を $\mathcal{M}_1 \times \mathcal{M}_2$ に属す，すなわち $\Omega_1 \times \Omega_2$ 上 $\mu = \mu_1 \otimes \mu_2$-可測とする．$\mathcal{F}$ を $\Omega_1 \times \Omega_2$ 上の矩形集合族，

$$\mathcal{G} = \left\{ E \subset \Omega_1 \times \Omega_2 \, ; \, \begin{array}{l} \mu_2(E(x, \cdot)) \text{ が } \mu_1\text{-可測} \\ \text{かつ} \\ \mu_1(E(\cdot, y)) \text{ が } \mu_2\text{-可測} \end{array} \right\}$$

とおく．ここで $\mu_2(E(x, \cdot))$ が μ_1-可測とは任意の $\lambda > 0$ について

$$\{x \in \Omega_1 \, ; \, \mu_2(E(x, \cdot)) > \lambda\}$$

が μ_1-可測となることである．前述のように任意の $K \in \mathcal{K}$ をとると，それは有限矩形集合だから各切片は可測な上，$\mu_2\big(E_k(x) \times F_k(\cdot)\big)$ も $\mu_1\big(E_k(\cdot) \times F_k(y)\big)$ もそれぞれ μ_1, μ_2-可測ゆえ，それらの有限和も同様である．従って

• $\mathcal{F} \subset \mathcal{G}$

が成立する．

• $\mathcal{G}$ は単調族

を示せば $\mathcal{F} \subset \mathcal{G} \subset [\mathcal{F}]_m = [\mathcal{F}]_\sigma$ となり $\mathcal{G} = [\mathcal{F}]_\sigma$ が従って証明が完了する．

この場合も $\{K_n\}_n \subset \mathcal{G}, K_n \nearrow K$ をとると，各 K_n に対して

$$\mu_2(K_n(x, \cdot)) \text{ が } \mu_1\text{-可測} \quad \text{かつ} \quad \mu_1(K_n(\cdot, y)) \text{ が } \mu_2\text{-可測}$$

だから単調集合列に対する測度の収束 (命題 2.1 (3), (4)) より

$$\lim_{n \to \infty} \mu_2(K_n(x, \cdot)) = \mu_2(K(x, \cdot)),$$

$$\lim_{n \to \infty} \mu_1(K_n(\cdot, y)) = \mu_1(K(\cdot, y)).$$

このとき関数の上極限に対する可測性を示す命題 3.4 からその極限関数 $\mu_2(K(x, \cdot))$, $\mu_1(K(\cdot, y))$ もそれぞれ μ_1-可測関数，μ_2-可測関数となる．よって $K \in \mathcal{G}$. 同様に単調減少列についてもいえる．ただし減少列のときには μ_1, μ_2 が $\underline{\sigma\text{ 有限}}$ であることを使う．従って $\mathcal{G}$ は単調族．

(3) 各測度空間が σ 有限なのでそれぞれの集合を有限測度に制限した形で示せば十分．そこで (1) (2) と類似に

$$\mathcal{H} = \left\{ E \subset \Omega_1 \times \Omega_2 \, ; \, \begin{array}{l} \mu(E) = \displaystyle\int \mu_2(E(x, \cdot)) d\mu_1(x) \\ = \displaystyle\int \mu_1(E(\cdot, y)) d\mu_2(y) < \infty \end{array} \right\}$$

とおく．明らかに $\mathcal{F} \subset \mathcal{H}$ だから

- $\mathcal{H}$ は単調族

を示す．この場合 σ 有限性を要求する，難しいほうを考える．$\{K_n\}_n \subset \mathcal{H}$，$K_n \searrow K$ ととると各 K_n に対して (2) から

$$\mu_2(K_n(x, \cdot)) \text{ が } \mu_1\text{-可測かつ } \lim_{n \to \infty} \mu_2(K_n(x, \cdot)) = \lim_{n \to \infty} \mu_2(K(x, \cdot)),$$

$$\mu_1(K_n(\cdot, y)) \text{ が } \mu_2\text{-可測かつ } \lim_{n \to \infty} \mu_1(K_n(\cdot, y)) = \lim_{n \to \infty} \mu_1(K(\cdot, y))$$

だから Ω_1 と Ω_2 が σ 有限なことからそれぞれが有限測度を持つと仮定してよい．各変数において E の切り口は有限測度を持つ (もしそうでないと Ω_1, Ω_2 は非有限測度を持ち σ 有限性に反する)．このとき $\mu_2(E(x, \cdot))$ は有限 (Ω_1 上で有限測度だから) かつ，積分範囲 $x \in \Omega_1 \times \Omega_2$ の y 切り口は有限であるので，Lebesgue の優収束定理を用いると

$$\lim_{n \to \infty} \int \mu_2(K_n(x, \cdot)) d\mu_1(x) = \int \mu_2(K(x, \cdot)) d\mu_1(x),$$
$$\lim_{n \to \infty} \int \mu_1(K_n(\cdot, y)) d\mu_2(y) = \int \mu_1(K(\cdot, y)) d\mu_2(y) \tag{6.1}$$

を得る．一方各 n について $K_n \in \mathcal{H}$ だから

$$\mu(K_n) = \int \mu_2(K_n(x, \cdot)) d\mu_1(x) = \int \mu_1(K_n(\cdot, y)) d\mu_2(y).$$

$n \to \infty$ のとき (6.1) と単調列に対する測度の収束性 (命題 2.1 (3)) より[*2]

$$\mu(K) = \lim_{n \to \infty} \mu(K_n) = \int \mu_2(K(x, \cdot)) d\mu_1(x) = \int \mu_1(K(\cdot, y)) d\mu_2(y).$$

従って $K \in \mathcal{H}$．同様に単調増大列についてもいえる．ただし増大列のときには μ_1, μ_2 が σ 有限であることは使わない．すなわち $\mathcal{H}$ は単調族． $\square$

6.3 Fubini-Tonelli の定理

重積分と多重積分および積分順序の交換を示した重要な定理を以下に示す．Tonelli[*3] は必ずしも可積分とは限らない非負値函数に対する積分順序交換の成立を主張した:

定理 6.6 (Tonelli の定理) $(\Omega_1, \mathcal{M}_1, \mu_1)$ と $(\Omega_2, \mathcal{M}_2, \mu_2)$ を二つの σ 有限な測度空間とする．またその直積測度空間を $(\Omega_1 \times \Omega_2, \mathcal{M}_1 \times \mathcal{M}_2, \mu_1 \otimes \mu_2)$ とする．$f(x, y)$ が $\Omega_1 \times \Omega_2$ 上の a.e.-非負値可測とするとき

[*2] この命題の仮定 "単調減少集合の極限の測度は測度の極限に一致する" に σ 有限性が使われていて本質的な仮定となっている．

[*3] Leonida Tonelli (1885–1946). イタリアの数学者．C. Arzela に師事した．G. Stampacchia らを指導した．

(1) $f(x,y)$ は y を固定すれば x-可測 (μ_1-可測), かつ $\displaystyle\int f(x,y)d\mu_2(y)$ も x-可測 (μ_1-可測),

(2) $f(x,y)$ は x を固定すれば y-可測 (μ_2-可測), かつ $\displaystyle\int f(x,y)d\mu_1(x)$ も y-可測 (μ_2-可測) で

(3) 以下の等式が成り立つ.

$$\int_{\Omega_1\times\Omega_2} f(x,y)d\mu_1\otimes\mu_2(x,y) = \int_{\Omega_2}\left(\int_{\Omega_1} f(x,y)d\mu_1(x)\right)d\mu_2(y)$$
$$= \int_{\Omega_1}\left(\int_{\Omega_2} f(x,y)d\mu_2(y)\right)d\mu_1(x).$$

定理 6.6 の証明. 前述の定理 6.5 の証明において $\mu_1\otimes\mu_2$-可測集合 $E(x,y)$ として任意の λ に対して

$$E(\lambda,x,y)=E_f(\lambda,x,y)\equiv\{(x,y);f(x,y)>\lambda\}$$

と選ぶ. $f(x,y)$ の y を固定した函数 $f_y(x)$ に対する上半 level set 函数 $E_y(\lambda,x)$ は $E_f(\lambda,x,y)$ の y を固定した y 切片と考えられるから, 定理 6.6 の (1), (2) は定理 6.5 の (1), (2) から直ちに従う.

L. Tonelli

(3) 仮定より $f(x,y)\geq 0$ である. 定理 6.5 (3) より任意の $t>0$ に対して

$$\mu(E_\lambda)=\int\mu_2(E_f(\lambda,x,\cdot))d\mu_1(x)=\int\mu_1(E_f(\lambda,\cdot,y))d\mu_2(y).$$

はじめの等式の両辺を λ で積分すれば

$$\int f(x,y)d\mu(x,y)=\int_0^\infty\mu(E_f(\lambda,\cdot,\cdot))d\lambda$$
$$=\lim_{T\to\infty}\int_0^T\left(\int\mu_2(E_f(\lambda,x,\cdot))d\mu_1(x)\right)d\lambda.$$

ここで最右辺の λ-積分は広義リーマン積分だから $0<\lambda_1<\lambda_2<\cdots<\lambda_N<T$ なる細分に対して $\Delta\lambda=\max(\lambda_n-\lambda_{n-1})$ として

$$=\lim_{T\to\infty}\lim_{|\Delta|\to 0}\sum_{0\leq\lambda_n\leq T}\left(\int_{\Omega_1}\mu_2\big(E_f(\lambda_n,x,\cdot)\big)d\mu_1(x)\right)\Delta\lambda$$
$$=\lim_{T\to\infty}\lim_{|\Delta|\to 0}\int_{\Omega_1}\left(\sum_{0\leq\lambda_n\leq T}\mu_2\big(E_f(\lambda_n,x,\cdot)\big)\Delta\lambda\right)d\mu_1(x).$$

いま μ_1 は σ 有限だから Lebesugue の優収束定理が使えて

$$=\lim_{T\to\infty}\int_{\Omega_1}\int_0^T\mu_2\big(E_f(\lambda,x,\cdot)\big)d\lambda d\mu_1(x)$$

(再度 Lebesugue の優収束定理を用いて)

$$= \int_{\Omega_1} \int_0^\infty \mu_2\big(E_f(\lambda, x, \cdot)\big) d\lambda d\mu_1(x)$$

$$= \int_{\Omega_1} \left(\int_{\Omega_2} f(x,y) d\mu_2(y) \right) d\mu_1(x).$$

これではじめの等式が得られた．第 2 の等式も 2 番目の等式から同様に導かれる． □

定理 6.7（**Fubini の定理**）　$(\Omega_1, \mathcal{M}_1, \mu_1)$ と $(\Omega_2, \mathcal{M}_2, \mu_2)$ を二つの σ 有限な測度空間とする．またその直積測度空間を $(\Omega_1 \times \Omega_2, \mathcal{M}_1 \times \mathcal{M}_2, \mu_1 \otimes \mu_2)$ とする．$f(x,y)$ が $\mu_1 \otimes \mu_2$ について可積分函数であるとき,

(1) $f(x,y)$ は a.e. y に対して x-可積分，かつ $\int f(x,y) d\mu_2(y)$ も x-可積分，

(2) $f(x,y)$ は a.e. x に対して y-可積分，かつ $\int f(x,y) d\mu_1(x)$ も y-可積分で

(3) さらに以下の等式が成り立つ．

$$\int_{\Omega_1 \times \Omega_2} f(x,y) d\mu_1 \otimes \mu_2(x,y) = \int_{\Omega_2} \left(\int_{\Omega_1} f(x,y) d\mu_1(x) \right) d\mu_2(y)$$

$$= \int_{\Omega_1} \left(\int_{\Omega_2} f(x,y) d\mu_2(y) \right) d\mu_1(x).$$

　これらの定理は単函数近似によって，本質的に，前の節の矩形集合の直積測度に対する Fubini の定理 (定理 6.6) に帰着される．

<u>例:</u> $0 < x, y \le 1$ のとき

$$f(x,y) \equiv \frac{x^2 - y^2}{(x^2 + y^2)^2}$$

とおく．

(1) 累次積分

$$\int_0^1 \left(\int_0^1 f(x,y) dx \right) dy, \quad \int_0^1 \left(\int_0^1 f(x,y) dy \right) dx,$$

をそれぞれ求めよ．

(2) 2 重積分

$$\int_{(0,1] \times (0,1]} f(x,y) dx dy$$

を求めよ．

(1) x で先に積分すると

$$\int_0^1 \left(\int_0^1 \frac{x^2 - y^2}{(x^2 + y^2)^2} dx \right) dy = \int_0^1 \left[-\frac{x}{x^2 + y^2} \right]_{x=0}^1 dy$$

$$= -\int_0^1 \frac{1}{1+y^2}dy = -\int_0^{\frac{\pi}{4}} d\theta = -\frac{\pi}{4}.$$

他方も同様で y と x が反対称な函数だから積分値 $\frac{\pi}{4}$ を得る。これより
これらの累次積分は積分順序を交換できないことがわかる。

(2) $f(x,y)$ の正値部分 (f を $\{x > y\}$ に制限した函数) を積分することにす
ると Tonelli の定理から積分順序を変えられるので,

$$\int_{(0,1]^2 \cap \{x>y\}} \frac{x^2 - y^2}{(x^2 + y^2)^2} dxdy = \int_0^1 \left(\int_0^x \frac{x^2 - y^2}{(x^2 + y^2)^2} dy \right) dx$$
$$= \int_0^1 \left[\frac{y}{x^2 + y^2} \right]_{y=0}^x dx$$
$$= \int_0^1 \frac{x}{2x^2} dx.$$

最後の積分は収束しない。f を $\{x < y\}$ に制限すると同様に $-\infty$ に発
散する。このように正値性がないと積分順序の交換は重積分の収束性に
依存することとなる。

問題 28. 正のパラメータ $\lambda > 0$ に対して Bessel 函数 $B_\lambda(x)$ を

$$B_\lambda(x) \equiv \int_0^\infty e^{-\lambda s} G_s(x) ds$$

で定義する。ただし $G_s(x)$ は Gauss 核

$$G_s(x) \equiv \left(\frac{1}{4\pi s} \right)^{n/2} e^{-\frac{|x|^2}{4s}}$$

である。このとき

$$\int_{\mathbb{R}^n} B_\lambda(x) dx = \frac{1}{\lambda}$$

を示せ。

解: 被積分函数はいずれも正値であり,$e^{-\lambda s} G_s(x)$ は $x \neq 0$ で s-可積分,かつ
$s > 0$ で x 可積分で可測。また

$$\int_{\mathbb{R}^n} G_s(x) dx = 1$$

ゆえ Tonelli の定理から

$$\int_{\mathbb{R}^n} \int_0^\infty e^{-\lambda s} G_s(x) ds dx = \int_0^\infty e^{-\lambda s} \left(\int_{\mathbb{R}^n} G_s(x) dx \right) ds$$
$$= \int_0^\infty e^{-\lambda s} ds = \frac{1}{\lambda}.$$

第 7 章
Radon-Nikodym の定理

この節では $\mathbb{R}^n$ 上での二つの異なる測度の関係を調べる．測度をいわゆる絶対連続な測度と特異な測度に分類する．そうして，絶対連続な測度から原始函数の微分の概念が生まれる．それは積分論の再構築から微分の再定義に至る道筋をたどることに相当する[*1]．

7.1 絶対連続測度と特異測度

測度は正値性 (厳密には非負値性) が元々の前提であるが，そうした正値性を要求しない場合，測度はあたかも函数のように見なせる．以下で符号付き測度 (実数値測度) に対する，Lebesgue 測度との関係を調べる．

J.K.A. Radon

<u>定義</u>．$\mathbb{R}^n$ 上の集合値函数 $\Phi(E)$ が**符号付き測度**あるいは**実数値測度**とは $\nu \geq 0$ の条件をのぞいた測度の定義を満たすときを言う．

従って符号付き測度 ν は $\nu(\emptyset) = 0$ と完全加法性 $\nu(\cup_{k \in \mathbb{N}}) = \displaystyle\sum_{k \in \mathbb{N}} \nu(A_k)$ を満たすことになる．

<u>定義</u>．$\mathbb{R}^n$ 上の Lebesgue 測度 μ およびその測度空間 $(\mathbb{R}^n, \mu, \mathcal{M})$ に対して集合上で定義された函数 $\nu(E)$ が**絶対連続**あるいは**絶対連続測度**であるとは，$N \in \mathcal{M}$ に対して $\mu(N) = 0$ であれば $\nu(N) = 0$ となること．

<u>定義</u>．同じく測度空間 $(\mathbb{R}^n, \mu, \mathcal{M})$ に対して集合上で定義された函数 $\nu(E)$ が**特異**あるいは**特異測度**であるとは，$\mu(E_0) = 0$ なる $E_0 \in \mathcal{M}$ があってすべて

[*1]　Johann Karl August Radon (1887–1956)．オーストリアの数学者，測度の研究によりその名を残す．

の $E \subset \mathbb{R}^n \setminus E_0$ に対して $\nu(E) = 0$ となること[2].

例:

- 絶対連続な測度の例は $f(x) \geq 0$ なる可積分函数に対して

$$\nu(E) = \int_E f(x) d\mu(x)$$

を考えればよい. 実際命題 3.6 の後の注意より, $\nu(E)$ は測度を定義するが上の絶対連続性の定義の条件を満たすことは明らかである. さらに $f(x)$ が非負でなくても絶対連続な集合値函数を定義する.

- 任意の $E \subset \Omega$ に対して測度 $\delta_{a_0}(E)$ を

$$\delta_{a_0}(E) = \begin{cases} 1, & a_0 \in E, \\ 0, & a_0 \notin E \end{cases}$$

P.A.M. Dirac

と定義する. このとき $E_0 = \{a_0\}$ は $\mu(E_0) = 0$ を満たしかつ $E \subset \Omega \setminus E_0$ に対して $a_0 \notin E$ となるから $\delta(E) = 0$. すなわち, ここで定義した δ_{a_0} は特異である. この δ_{a_0} を点 a_0 を support に持つ Dirac (ディラック) の**デルタ測度**という[3].

絶対連続な函数よりもずっと条件の弱い函数の性質である, 有界変動函数を次に定義する.

定義 (測度の全変動). Ω 上の符号付き測度 $\nu(E)$ に対して, E の任意の分割 $E = \sum_{k=1}^N E_k$ かつ $E_k \cap E_j = \emptyset$ を考えて

$$V_\nu(E) = \sup \left\{ \sum_{k=1}^N |\nu(E_k)|; 任意の E の分割 \{E_k\}_k \right\}$$

を ν の全変動 (total variation) と呼び, $V_\nu(\Omega) < \infty$ となる測度を有界変動な測度という. また特に $\mathbb{R}$ 上の函数 $f(x)$ に対して区間 $I = [a, b]$ の任意の分割 $I = \bigcup_{k=1}^N I_k$ $I_k = (a_k, b_k) \in \mathcal{I}$ に対して

$$\sup_{\mathcal{I}} \sum_{k=1}^N |f(b_k) - f(a_k)|$$

を $f(x)$ の I 上の全変動といい, $V[f](I)$ と表す.

以下を復習する:

---

[2]　特異集合 E_0 での測度 $\nu(E_0)$ は 0 を排除しない. 後述の R-N 分解の一意性を示す段 (系 7.2) で好都合.

[3]　Paul Adrian M. Dirac (1902–1984). イギリスの理論物理学者, 量子力学の理論的建設により 1933 年に E. Schrödinger と共にノーベル物理学賞を受ける. ケンブリッジ大学のルーカス数学教授の座にいた.

命題 **2.1** μ を $\mathbb{R}^n$ の完全加法測度とする.

(1) $A \subset B$ ならば $\mu(A) \leq \mu(B)$.

(2) $A \subset B$ かつ $\mu(A) < \infty$ ならば $\mu(B \setminus A) = \mu(B) - \mu(A)$.

(3) A_k が単調増大集合列ならば $\mu(\bigcup_{k=1}^{\infty} A_k) = \lim_{k \to \infty} \mu(A_k)$.

(4) A_k が単調減少集合列かつ $\mu(A_1) < \infty$ ならば $\mu(\bigcap_{k=1}^{\infty} A_k) = \lim_{k \to \infty} \mu(A_k)$.

命題 **7.1** (1) ν が Lebesgue 測度 μ に絶対連続であることの必要十分条件は任意の $\varepsilon > 0$ に対して, ある $\delta > 0$ が存在して, $\mu(E) < \delta$ なる可測集合 E に対して必ず $|\nu(E)| < \varepsilon$ とできることである.

(2) ν が特異であるための必要十分条件は, 任意の $\varepsilon > 0$ に対して $\mu(E) < \varepsilon$, $V_\nu(\Omega \setminus E) < \varepsilon$ なる E が存在することである.

命題 7.1 の証明. ν を非負値測度に限定する. そうでない場合には正値部分と負値部分に分解してそれぞれについて示せば十分.

(1) ● 十分性 ($\Leftarrow$) は明らかである. 実際, 絶対連続性を示せばよいが, $\mu(E) = 0$ を仮定すれと, 任意の $\delta > 0$ で $\mu(E) < \delta$ を満たすので, 仮定から $\nu(E) < \varepsilon$ だが, ε は s 任意にとれて $\nu(E) = 0$ を結論することができる.

● 必要性 ($\Rightarrow$) ν が Lebesgue 測度 μ に対して絶対連続であるとする. いま結論を否定して<u>ある $\varepsilon_0 > 0$ に対して可測集合列 M_n $(n = 1, 2, \cdots)$ がとれて $\mu(M_n) < 2^{-n}$ かつ $\nu(M_n) \geq \varepsilon_0$ とできる</u>とすると

$$\overline{M}_n = \bigcup_{k \geq n} M_k$$

とおけば

$$\mu(\overline{M}_n) \leq \sum_{k \geq n} \mu(M_n) < 2^{-n}(1 + 2^{-1} + 2^{-2} + \cdots) < 2^{-n+1},$$

$$\nu(\overline{M}_n) \geq \nu(M_n) \geq \varepsilon_0, \quad \forall n \quad (\overline{M}_n \supset M_n だから).$$

ところが $\overline{M}_n \searrow \overline{M} = \varlimsup_{n \to \infty} M_n = \bigcap_{n=1}^{\infty} \bigcup_{k \geq n} M_k$ に対して

$$\mu(\overline{M}) \leq \lim_{n \to \infty} 2^{-n} = 0,$$

かつ $\bar{M}_n$ は $n \to \infty$ で単調減少だから $\nu(M_1) < \infty$ に注意して (そうでなければどこかの n で $\nu(M_k) < \infty$ と仮定して一般性を失わない) 命題 2.1 (4): A_k が単調減少列かつ $\nu(A_1) < \infty$ ならば

$$\nu(\cap_{k \geq 1} A_k) = \lim_{k \to \infty} \nu(A_k)$$

だった (完全加法測度であればなんでも成立) ので

$$\nu(\overline{M}) = \lim_{n \to \infty} \nu(\bar{M}_n) \geq \varepsilon_0.$$

これは $\nu(\cdot)$ の絶対連続性に反する. すなわち $\nu(M_n) < \varepsilon$ が成り立たねばならない.

(2) ● 必要性 ($\Rightarrow$) ν を特異測度とする. 従ってある μ-零集合 E_0 があって $\forall K \subset X \setminus E_0$ に対して $\nu(K) = 0$. 特に互いに素な分割 $\{K_k\}$ に対して $\sup_{K_k \subset \Omega \setminus E_0} \sum_k \nu(K_k) = V_\nu(\Omega \setminus E_0) = 0$. 従ってこの E_0 をそのまま E と選べば, 必要条件を満たす.

● 十分性 ($\Leftarrow$). 与えられた条件からある E_n $n = 1, 2, \cdots$ に対して

$$\mu(E_n) < \frac{1}{2^n}, \quad V_\nu(\Omega \setminus E_n) < \frac{1}{2^n}$$

を満たすものがある. $E_0 = \varlimsup_{n \to \infty} E_n$ とおけば $\mu(E_0) = 0$ かつ $\Omega \setminus E_0 = \varliminf_{n \to \infty} (\Omega \setminus E_n)$ だから

$$V_\nu(\Omega \setminus E_0) \leq \lim_{n \to \infty} V_\nu(\Omega \setminus E_n) = 0.$$

すなわち任意の $E \subset \Omega \setminus E_0$ に対して $\nu(E) = 0$ となる. これは ν が特異であることを示している. □

系 7.2 測度 ν が Lebesgue 測度 μ に対して絶対連続かつ特異であるならば $\nu \equiv 0$ である.

系 7.2 の証明. ν は μ に絶対連続であるから $E \in \mathcal{M}$ に対して $\mu(E) = 0$ であれば $\nu(E) = 0$. また同時に特異であるから $F = \Omega \setminus E$ に対しても $\nu(F) = 0$. すなわち $\nu(\Omega) = 0$. ν は測度であるから任意の可測集合 $G \in \mathcal{M}$ に対して $\nu(G) = 0$. これは $\nu \equiv 0$ を表す. □

以下で示すのは任意の測度がその絶対連続部分と特異部分に分解でき, さらに絶対連続部分は可積分函数で書けるということを表す Radon (ラドン)-Nikodym (ニコディム)[*4)]の定理である.

O.M. Nikodym

定理 7.3 (Radon-Nikodym) Ω が Lebesgue 測度 μ について σ 有限とする. このとき Ω 上の測度 ν に対してその絶対連続測度 $\Phi(\cdot)$ と特異測度 $\delta(\cdot)$ が存在して
  (1) $\nu(E) = \Phi(E) + \delta(E)$ と一意的に分解できる (Lebesgue 分解).

---

*4)　Otto Marcin Nikodym (1887–1974). ポーランドの数学者. Banach とベンチで語り合う銅像が有名.

(2) ある可積分函数 $f(x)$ が存在して絶対連続測度部分は
$$\Phi(E) = \int_E f(x)d\mu(x) \qquad (7.1)$$
と表せる.

定理 7.3 の証明.

- (1) 一意性の証明. $\nu = \Phi_1 + \delta_1 = \Phi_2 + \delta_2$ のように 2 種類に分解できると仮定する. このとき
$$\Phi_1 - \Phi_2 = \delta_2 - \delta_1$$
であるが, 左辺は絶対連続測度の和ゆえ絶対連続. また右辺も特異. すなわち両者は μ に絶対連続かつ特異ゆえ系 7.2 より恒等的に 0. 従って $\Phi_1 = \Phi_2$ かつ $\delta_1 = \delta_2$.

- 以下 ν を非負値測度に限定する. そうでない場合には非負値測度と非正値測度に分解して示せばよい.

- (2) 表現 (7.1) が成り立つことの証明. $(\Omega, \mathcal{M}, \mu)$ を Lebesgue 測度による測度空間とし, 次のような函数の集合 $\mathcal{N}$ を考える.
$$\mathcal{N} = \left\{ \phi; \Omega \to \mathbb{R}; \ \phi \ge 0, \phi \text{ は可積分かつ}, \int_E \phi(x)d\mu(x) \le \nu(E), \ ^\forall E \in \mathcal{M} \right\}.$$
いま
$$\Phi(E) \equiv \sup_{\phi \in \mathcal{N}} \int_E \phi(x)d\mu(x)$$
とおく. この定義から明らかに $0 \le \Phi(E) \le \nu(E)$ $(E \subset \Omega)$ である. いま $\{\phi_n(x)\}_n \subset \mathcal{N}$ を上記の上限 sup に近づく函数列であるとする. すなわち
$$\lim_{n \to \infty} \int_E \phi_n(x)d\mu(x) = \Phi(E)$$
(sup の定義からこのような函数列が存在することに注意する). 各 x に対して $f_n(x) = \max_{k \le n} \phi_k(x)$ とおく.

- 定義から $f_n(x)$ は単調増加列で非負.

- 任意の $E \in \mathcal{M}$ に対して $x \in E$ ならば少なくとも一つ (以上の) ϕ_k $(k \le n)$ について $f_n(x) = \phi_k(x)$ だから
$$E = \bigcup_{k=1}^n \{x \in E; f_n(x) = \phi_k(x)\}$$
と表される ($\{\phi_k\}_{k \le n}$ の個数が n で有限なので可能).

- このとき $\{x \in E; f_n(x) = \phi_k(x)\}$ を取り直して互いに交わらないように再構成して (例えばより小さい k について $f_n(x) = \phi_k(x)$ となるように) 選び直せばすべての n について

$$\int_E f_n(x)d\mu(x) = \sum_{k=1}^{n} \int_{\{x; f_n(x)=\phi_k(x)\}} f_n(x)d\mu(x)$$

$$= \sum_{k=1}^{n} \int_{\{x; f_n(x)=\phi_k(x)\}} \phi_k(x)d\mu(x) \tag{7.2}$$

$$\leq \sum_{k=1}^{n} \nu\big(\{x \in E; f_n(x) = \phi_k(x)\}\big) = \nu(E).$$

- また無限大を許して $f(x) = \sup_n f_n(x)$ とおく. $f(x) = \infty$ となる可能性を残して $f_n(x) \nearrow f(x)$ a.e. かつ $f_n(x) \geq 0$ である.

このとき Beppo Levi の単調収束定理 (命題 4.1) より $f(x)$ は可積分となり $n \to \infty$ として

$$\int_\Omega f_n(x)d\mu(x) \to \int_\Omega f(x)d\mu(x) \tag{7.3}$$

である. (7.2) と (7.3) から

$$\int_E f(x)d\mu(x) \leq \nu(E)$$

だから $f \in \mathcal{N}$ は明らか. $\Phi(E)$ の定義より

$$\int_E f(x)d\mu(x) \leq \Phi(E). \tag{7.4}$$

さらに

$$\int_E \phi_n(x)d\mu(x) \leq \int_E f_n(x)d\mu(x) \leq \int_E f(x)d\mu(x).$$

$n \to \infty$ より

$$\Phi(E) \leq \int_E f(x)d\mu(x). \tag{7.5}$$

(7.5) と (7.4) から

$$\int_E f(x)d\mu(x) = \Phi(E).$$

● (1) 分解の証明. $\delta(E) = \nu(E) - \Phi(E)$ とおく. δ が特異測度となることを示せばよい. 背理法で示す. いま, ある自然数 $n \in \mathbb{N}$ と可測部分集合 $E_n \subset \Omega$ があって, $\mu(E_n) > 0$ なる E_n に対して $F \subset E_n$ で $\delta(F) \geq \frac{1}{n}\mu(F)$ なる可測集合列 $\{E_n\}_n$ がとれるものと仮定する.

このとき

$$g(x) = \begin{cases} \frac{1}{n}, & x \in E_n, \\ 0, & x \in \Omega \setminus E_n \end{cases}$$

とおくと $f + g \ (\geq f)$ は絶対連続測度を定義する. 実際, f は前ステップで絶対連続測度 Φ と一致するから絶対連続である. g はルベーグ測度の定数倍だから, これも絶対連続. このとき

$$\int_E (f(x)+g(x))d\mu(x) = \int_E f(x)d\mu(x) + \int_{E\cap E_n}\frac{1}{n}d\mu(x)$$

$$\leq \Phi(E) + \frac{1}{n}\mu(E_n)$$

$$\leq \Phi(E) + \delta(E_n) \leq \Phi(E) + \delta(E_n) + \delta(E\setminus E_n)$$

$$= \Phi(E) + \delta(E) = \nu(E).$$

さらに $g\geq 0$ だから $f(x)+g(x)\in\mathcal{N}$ となる. いま $E=\Omega$ とすると

$$\int_\Omega (f(x)+g(x))d\mu(x) = \int_\Omega f(x)d\mu(x) + \int_{\Omega\cap E_n}\frac{1}{n}d\mu(x)$$

$$= \Phi(\Omega) + \frac{1}{n}\mu(E_n)$$

$$(\mu(E_n)>0 \text{ だったから})$$

$$> \Phi(\Omega).$$

これは $\Phi(\Omega) = \sup_{\phi\in\mathcal{N}}\int_\Omega \phi(x)d\mu(x)$ の上限性に矛盾する. よってこのような $n\in\mathbb{N}$ と $E_n\subset\Omega$ はとれない. 言い換えれば, $\mu(E)>0$ なる E に対して, 任意の $n\in\mathbb{N}$ により $\delta(E)\leq\mu(E)/n$ とできる. $n\to\infty$ により $\delta(E)=0$. これは δ はある零集合 E_0 をのぞいた $E\subset\Omega\setminus E_0$ に対して $\delta(E)=0$ であることを示す. よって δ は特異測度. $\qquad\square$

7.2 絶対連続函数と有界変動函数

$\Omega=\mathbb{R}$ としてその上の Lebesgue 測度をいれた測度空間 $(\mathbb{R},\mu,\mathcal{M})$ を考える.（あるいは $\mathcal{M}$ は Borel 集合体 $[\mathcal{O}]_\sigma$ であってもよい.）

命題 7.4 $f(x)$ を $\mathbb{R}$ で定義された可測函数とする.

(1) (必要性) f を区間 $[a,b]$ で単調増加函数とする. 任意の $\varepsilon>0$ に対してある $\delta>0$ が存在して勝手な区間 $I=[a,b]$ に含まれる任意の互いに交わらない可算半開区間 $I_k=[a_k,b_k)$ に対して

$$\sum_{k\in\mathbb{N}}\mu(I_k)<\delta \Rightarrow \sum_{k\in\mathbb{N}}|f(b_k)-f(a_k)|<\varepsilon \tag{7.6}$$

を満たすとする. このとき $E\subset I$ に対する外測度

$$\nu^*(E) = \inf_{\mathcal{I}}\sum_{k=1}^\infty \big(f(b_k)-f(a_k)\big), \quad \mathcal{I}=\Big\{I_k; \bigcup_k I_k=E,\, I_j\cap I_k=\emptyset\Big\} \tag{7.7}$$

から定義された測度 ν は μ に対して絶対連続となる.

(十分性) 反対に (7.7) で定まる測度 ν が μ に対して絶対連続であ

れば, f は (7.6) を満たす.

(2) f が単調増加函数とは限らない場合には f の増加部分を f_+, 減少部分を f_- とおいて

$$\nu^*(I) = \inf_{\mathcal{I}} \sum_{k=1}^{\infty} \big(f_+(b_k) - f_+(a_k)\big) + \inf_{\mathcal{I}} \sum_{k=1}^{\infty} \big(f_-(b_k) - f_-(a_k)\big),$$
$$\mathcal{I} = \{I_k ; \cup I_k \supset I\} \tag{7.8}$$

に対して (1) と同一の主張が成り立つ.

命題 **7.4** の証明. (1) ($\Rightarrow$ 必要性) 任意の $\varepsilon > 0$ に対してある $\delta > 0$ があって可測区間 $E \subset I$ の任意の互いに交わらない加算区間分解 $\mathcal{I} = \{I_k\}_k$, $E = \bigcup_k I_k$ ただし $I_k = (a_k, a_{k+1})$ で $\sum_k \mu(I_k) < \delta$ ならば

$$\sum_k |f(a_{k+1}) - f(a_k)| < \varepsilon$$

であるとする. このとき E の任意の分解 $\mathcal{J}$ に対して上の分解はその一つだから

$$\nu(E) = \inf_{I_m \in \mathcal{J}} \sum_k \big(f(b_m) - f(a_m)\big) \leq \sum_k |f(a_{k+1}) - f(a_k)| < \varepsilon$$

を満たす. これは $\nu(E) = \nu(\bigcup_k I_k) < \varepsilon$ を意味するから命題 7.1 の (1) から測度 ν は μ に対して絶対連続.

($\Leftarrow$ 十分性) 任意の区間 E とその互いに疎な区間分解 $\{I_k\}_k$, $E = \bigcup_k I_k$ ただし $I_\ell = [a_\ell, b_\ell]$ を考える. $\varepsilon > 0$ を任意選べばある $\Delta > 0$ に対して $\mu(E) < \delta$ ならば $\nu(E) < \varepsilon$ とできる. 特に

$$\nu(E) = \inf_{\mathcal{I}} \sum_k \big(f(b_m) - f(a_m)\big) = \sum_\ell \big(f(b_\ell) - f(a_\ell)\big) < \varepsilon$$

とできるがこれは f が単調増加だから $I_\ell = [a_\ell, b_\ell)$ が互いに交わらない区間族であることに注意して

$$\sum_k \big(f(b_\ell) - f(a_\ell)\big) = \sum_k |f(b_\ell) - f(a_\ell)| < \varepsilon$$

を意味するので f は (7.6) を満たす. □

命題 7.4 の (2) の証明にはあとで述べる事実を用いるのであるが, この主張により上記の条件 (7.7) をもって $\mathbb{R}$ 上の函数 $f(x)$ が絶対連続であるということが定義される.

<u>定義</u> (絶対連続函数). $\mathbb{R}$ 上の区間 I で定義された可測函数 $f(x)$ が, 絶対連続であるとは, 任意の $\varepsilon > 0$ に対してある $\delta > 0$ が存在して区間 $I = [a, b]$ に

含まれる任意の互いに交わらない有限区間分割 $I_k = (a_k, b_k), (k = 1, \cdots, N)$ に対して

$$\sum_{k=1}^{N} \mu(I_k) < \delta \Rightarrow \sum_{k=1}^{N} |f(b_k) - f(a_k)| < \varepsilon$$

を満たすとき.

注意: 取り出した区間分割は開区間でなくとも $[a_k, b_k)$ でも $(a_k, b_k]$ でもよい.

注意: 上の定義で必ずしも区間族 $I_k = (a_k, b_k)$ は I の分割になっていなくてもかまわない. すなわち一般に $\bigcup I_k \subsetneq I$.

定義 (有界変動函数). $\mathbb{R}$ 上の区間 I での函数 f が有界変動 (bounded variation) であるとは I に含まれる任意の互いに交わらない有限分割列 $\mathcal{I} \equiv \{I_k = [a_k, a_{k+1})\}_{k=1}^{N}$ に対して

$$V[f](I) \equiv \sup_{\mathcal{I}, N} \sum_{I_k \in \mathcal{I}, k=1}^{N} |f(a_{k+1}) - f(a_k)| < \infty$$

となること. $V[f](I)$ を f の I 上の全変動 (total variation) と呼び区間 I 上で有界変動な函数全体の集合を $BV(I)$ と記す. 特に a を固定して変数 x に対して $I = [a, x)$ のときに $V[f](I) = V[f](x)$ と表す.

命題 7.5 f を区間 $I = [a, b]$ で定義された可測函数であるとする.

  (1) f が有界で単調な函数であるならば有界変動である.
  (2) f が有界変動函数ならば二つの有界な単調増加函数の差で表される. 特に f は可測である.
  (3) f が絶対連続ならば有界変動である.
  (4) f 有界変動函数の不連続点は高々可算個である.

この命題 7.5 により以下が直ちにわかる

系 7.6 区間 $I = [a, b]$ の上の有界変動函数 f は有界な単調増大函数の差で表され, また有界変動となるのは, そのときに限る.

命題 7.5 の証明.

(1) $f(x)$ を区間 $I = [a, b]$ 上有界で単調増大な函数であるとする. このとき区間 I の任意の有限分割 $\{I_k\}_k$ ただし $I_k = [a_k, b_k)$ に対して

$$\sum_k |f(a_k) - f(b_k)| = \sum_k \bigl(f(b_k) - f(a_k)\bigr) \leq f(b) - f(a)$$

だから分割について上限をとって $V[f](I) \leq f(b) - f(a) < \infty$. 従って f は有界変動函数である.

(2) $f(x)$ を区間 $I = (a, b)$ 上の有界変動函数であるとする. $V[f](x) = V[f]((a, x))$ であった. このとき

$$\begin{cases} g(x) \equiv \frac{1}{2}(V[f](x) + f(x)), \\ h(x) \equiv \frac{1}{2}(V[f](x) - f(x)) \end{cases}$$

が共に有界な単調増加函数であることを示せば十分である. 有界性は f が有界変動なので $V[f](b) = V[f](I) < \infty$ から $g(b) = V[f](b) + f(b) < \infty$. さらに $g(a) = V[f](a) + f(a) = f(a) < \infty$. $h(x)$ も同様である. 単調性を示す. 任意の $\varepsilon > 0$ に対して $[a, x)$ の有限分割 $I = \cup_{k=1}^{m} I_k$ かつ $I_k = [a_k, b_k)$ が存在して次式が成り立つ[*5)].

$$\sum_{k=1}^{m} |f(b_k) - f(a_k)| + \varepsilon \geq V[f](x) \geq \sum_{k=1}^{m} |f(b_k) - f(a_k)|.$$

このとき任意の y ($x \leq y$) に対して $[a, y) = \cup_k I_k \cup [x, y)$ も $[a, y)$ の分割の一つなので $V[f](x)$ に $|f(y) - f(x)|$ を加えたものより $V[f](y)$ の方が大きい,

$$g(y) + \frac{1}{2}\varepsilon = \frac{1}{2}\big(V[f](y) + f(y) + \varepsilon\big)$$

$$(\cup_k I_k) \cup [x, y) \text{ も } [a, y) \text{ の分割の一つなので})$$

$$\geq \frac{1}{2}\big(V[f](x) + |f(y) - f(x)| + f(y) + \varepsilon\big)$$

$$(f(y) \text{ と } f(x) \text{ を入れ替えて})$$

$$\geq \frac{1}{2}\big(\sum_{k=1}^{m} |f(b_k) - f(a_k)| + \varepsilon + |f(x) - f(y)| + f(y)\big)$$

$$\geq \frac{1}{2}\big(\sum_{k=1}^{m} |f(b_k) - f(a_k)| + \varepsilon + f(x)\big)$$

$$\geq \frac{1}{2}\big(V[f](x) + f(x)\big) = g(x).$$

ここで $\varepsilon > 0$ を小さくとるたびに分割を選べば左辺は $g(x)$ に近づく. 従って $g(x)$ は単調増加である. 同様に

$$h(y) + \frac{1}{2}\varepsilon = \frac{1}{2}\big(V[f](y) - f(y) + \varepsilon\big)$$

$$\geq \frac{1}{2}\big(\sum_{k=1}^{m} |f(b_k) - f(a_k)| + \varepsilon + |f(y) - f(x)| - f(y)\big)$$

$$\geq \frac{1}{2}\big(\sum_{k=1}^{m} |f(b_k) - f(a_k)| + \varepsilon - f(x)\big)$$

$$\geq \frac{1}{2}\big(V[f](x) - f(x)\big) = h(x)$$

から左辺は $\varepsilon \to 0$ によって $h(y)$ とできる. 命題 5.5 から単調函数は可測なの

---

*5) 右側の不等式は $V[f]$ の定義で sup をとるから.

で可測函数同士の差で表される f は可測函数である.

(3) f は絶対連続だから任意の $\varepsilon > 0$ に対してある $\delta > 0$ がとれて $J = \cup_k I_k = \cup_k [a_k, b_k)$ かつ $\sum_k \mu(I_k) < \delta$ ならば

$$\sum_k |f(b_k) - f(a_k)| < \varepsilon \tag{7.9}$$

とできる. $\varepsilon = 1$ としたときにこれを満たす δ に対して

$$M = \frac{b-a}{\delta} + 1$$

とおく. $N = [M]$ (M を超えない最大の整数) とおいて I を N 等分した分割 Δ_N を考えそれを $\Delta = \{J_\ell\}$ とおく. はじめから任意の分割を考えそれと Δ の細分に置き換えておく. すなわち各 ℓ に対して $J_\ell = \cup_k I_{\ell,k}$ と書いて

$$\sum_k \mu(I_{\ell,k}) \le \frac{b-a}{N} \le \delta$$

だから, この分割の最大区間が $|\Delta| \le \delta$ となっていることに注意する. 各 J_ℓ に対して任意の $\{\bar{I}_{\ell,j}\}_j : \bar{I}_{\ell,j} = (\bar{a}_{\ell,j}, \bar{b}_{\ell,j})$ かつ $\sum_{j=1}^K \bar{I}_{\ell,j} \subset J_\ell$ をとれば

$$\sum_{j=1}^K \mu(\bar{I}_{\ell,j}) \le \mu(J_\ell) < \delta$$

から f の絶対連続性の仮定 (7.9) において特に $\varepsilon = 1$ だったから

$$\sum_{j=1}^K |f(\bar{b}_{\ell,j}) - f(\bar{a}_{\ell,j})| \le 1$$

である. 今度は ℓ 方向に和をとれば分割の個数は高々 N 個なので

$$\sum_{\ell=1}^N \sum_{j=1}^K |f(b_\ell^k) - f(a_\ell^k)| \le N < \infty.$$

任意の分割 $\{\bar{I}_j\}$ がはじめの分割 Δ の成分をまたがる場合にはその個数は高々 $2N$ なので同様の不等式を N を $2N$ に置き換えて成り立つ.

　従って任意の分割 $\bar{I}_j$ に対して f は有界変動であることがわかる. はじめの ε を 1 としたところを適当に修正すれば加算区間の場合にも証明できる.

(4) 有界変動函数は有界な単調函数の差で書けるので,「**有界な単調函数が高々可算個の不連続点しか持たない**」ことを示せばよい. よって f を有界な単調増加函数とする. 減少函数の場合には符号を反転させればよい. いま f の右極限と左極限の差を $\mathrm{osc}[f](x)$ とおく. すなわち

$$\mathrm{osc}[f](x) \equiv \lim_{y \to x+} f(y) - \lim_{y \to x-} f(y).$$

単調増大函数だからそれぞれの極限が存在することに注意する.

$$I_j = \{x; 2^{-j-1} \le \mathrm{osc}[f](x) < 2^{-j}\}, \qquad j = 1, 2, \cdots$$

かつ $I_0 = \{x; \mathrm{osc}[f](x) \ge 1 = 2^0\}$ とする.

$$I \setminus \bigcup_{k=0}^{\infty} I_k$$

上では $\mathrm{osc}[f](x) = 0$ だから f は連続である. さて I_0 は有限集合である. も
しそうでないならば少なくとも加算個の点で $\mathrm{osc}[f](x) \ge 1$. よって f の単調
性から f は非有界となり矛盾. 同様に任意の $j \in \mathbb{N}$ に対して I_j は高々有限個
の点しか含まない. よって $\displaystyle\bigcup_{k=0}^{\infty} I_k$ は高々加算個の点しか含まない. $\qquad\square$

以下の命題は $\mathbb{R}$ 上の函数に対して特徴的である. ことに絶対連続函数の微
分との関係を調べる上での出発点となる.

系 7.7 $f(x)$ を $\mathbb{R}$ の区間 $I = [a, b]$ 上で定義された絶対連続函数とする.
  (1) f は I で連続である.
  (2) f が有界であれば, I 上で有界で単調増加な 2 つの函数 $g(x)$ と $h(x)$
      が存在して $f(x) = g(x) - h(x)$ と表せる.

系 7.7 の証明.
(1) 絶対連続であれば連続であることは, 区間 I に対してそれ自身をその分割
と選べば絶対連続性の定義から明白である.
(2) f は絶対連続ゆえ, 命題 7.5 より有界変動函数である. 従って特に二つの
単調函数の差で表される. $\qquad\square$

注意: 命題 7.4 の (2) は系 7.7 によって示されたことになる.

絶対連続函数はほとんど至るところの点で, 微分可能である. この著しい性
質は前節の Radon-Nikodym の定理の帰結である.

定理 7.8 (Radon-Nikodym) $f(x)$ を $\mathbb{R}$ の区間 $I = [a, b]$ 上で定義され
た有界で絶対連続な函数とする. このとき I 上で定義された函数 $g(x)$ が存
在して

$$f(y) - f(a) = \int_a^y g(x) d\mu(x), \quad y \in I \tag{7.10}$$

と表せる. また反対に上のように表されれば $f(x)$ は絶対連続である. 特に
$g(x)$ はほとんど至る $x \in I$ に対して

$$g(x) = \lim_{h \to 0} \frac{f(x+h) - f(x)}{h} \quad \text{a.e.} \tag{7.11}$$

となる. すなわち, 直線上の絶対連続函数はほとんど至るところで微分可能
である.

定理 7.8 の証明. 系 7.7 より f が絶対連続なので 2 つの単調増加関数 f_1 と f_2 の差で表される. 従って f_1, f_2 についてそれぞれ (7.10) を示せば十分であるから, f を単調函数と仮定して一般性を失わない. f に対して外測度

$$\nu^*(J) = \inf_{I_k \in \mathcal{I}} \sum_k (f_+(b_k) - f_+(a_k)), \quad \mathcal{I} = \{I_1, I_2, \cdots\}, \quad \bigcup_{I_k \in \mathcal{I}} I_k = J$$

は絶対連続測度を定義する (命題 7.1). このとき定理 7.3 (Radon-Nikodym の定理) からある可積分函数 $g(x)$ が存在して任意の $J \subset I$ に対して特に $J = [a, x)$ とすれば

$$\nu(J) = \int_J g(x) d\mu(x) = \int_a^y g(x) d\mu(x).$$

このとき

$$\nu(J) = \inf_{I_k \in \mathcal{I}} \sum_k (f_+(b_k) - f_+(a_k))$$

は絶対連続測度を定義し f の単調性に注意して $\mathcal{I}$ を J の互いに疎な区間分解族とすれば

$$\nu(J) = \nu^*(J) = \inf_{\mathcal{I}} \sum_k \big(f(a_{k+1}) - f(a_k)\big)$$

$$= f(y) - f(a).$$

従って (7.10) が成り立つ.

反対に (7.10) のように書ければ任意の $\varepsilon > 0$ に対して $\sum_k \mu(I_k) < \delta$ なる互いに疎で $I_k = [a_k, b_k) \subset E$, $\bigcup_k I_k = E$ なる区間族に対しては

$$\sum_k |f(b_k) - f(a_k)| \leq \sum_k \int_{I_k} |g(x)| d\mu(x) < \varepsilon.$$

実際, 任意の $\varepsilon > 0$ に対して絶対可積分函数は単函数で近似できてそれを $S_g(x)$ とおけば $\|S_g - g\|_1 < \varepsilon/2$. 他方 $E = \sum_k I_k$ とおくと δ を十分小さく選べば

$$\int_E |S_g(x)| d\mu(x) < \frac{\varepsilon}{2}$$

とできる. よって任意の $\{I_k \subset E, I_i \cap I_j = \emptyset\}$ に対して

$$\sum_k |f(b_k) - f(a_k)| \leq \sum_k \int_{I_k} |g(y)| d\mu(y)$$

$$\leq \int_E |g(y)| d\mu(y)$$

$$\leq \|g - S_g\|_{L^1(E)} + \|S_g\|_{L^1(E)} < \varepsilon.$$

すなわち f も絶対連続.

主張の後半 (7.11) は前半の主張 (7.10) を用いて, 後に述べる Lebesgue の微分定理 (定理 9.3) の系として得られるので, ここではその成立を認めること

にする. $\qquad\square$

問題 29. 絶対連続函数が二つの単調増加函数の差で表せることを系 7.7 を用いず，Radon-Nikodym の定理を用いて以下の手順で示せ.

(1)
$$f(x) = f(a) + \int_a^x g(y)d\mu(y)$$
と書ける

(2) $g = g_+ - g_-$ ただし $g_+ = \max(g, 0)$, $g_- = -\min(g, 0)$ とおいて
$$\tilde{g}(x) = f(a) + \int_a^x g_+(y)d\mu(y),$$
$$h(x) = \int_a^x f'_-(y)d\mu(y)$$

とおいて $f(x) = \tilde{g}(x) - h(x)$ かつそれぞれが単調増加函数であることを示せ.

実際 $g_+ \geq 0$ より任意の $x < y$ に対して
$$\tilde{g}(x) = f(a) + \int_a^x g_+(y)d\mu(y)$$
$$= f(a) + \int_a^x g_+(y)d\mu(y) + \int_x^y g_+(y)d\mu(y)$$
$$\leq f(a) + \int_a^y g_+(y)d\mu(y)$$
$$= \tilde{g}(y)$$

から $\tilde{g}(x)$ の単調性が従う. 同様にして h も単調増加であることがわかる.

問題 30. 絶対連続函数が有界変動函数であることを Radon-Nikodym の定理 (定理 7.8) を用いて示せ.

解: f が区間 I 上で絶対連続であるとする. 定理 7.8 の Radon-Nikodym の定理から可積分な g (ほとんど至るところの導函数 $g(x) = f'(x)$) が存在して
$$f(x) = f(a) + \int_a^x g(x)d\mu(x)$$
と表せる. いま $I_k = [a_k, b_k) \subset I$ を任意の部分区間として
$$|f(b_k) - f(a_k)| = \left| \int_a^{b_k} g(x)d\mu(x) - \int_a^{a_k} g(x)d\mu(x) \right|$$
$$= \left| \int_{a_k}^{b_k} g(x)d\mu(x) \right|$$
$$\leq \int_{a_k}^{b_k} |g(x)|d\mu(x) < \infty.$$

右辺は k によらないから両辺 k について上限をとって

$$V[f](I) \leq \int_I |g(x)| d\mu(x) < \infty.$$

すなわち f は有界変動函数.

注意: 連続函数だからといって，絶対連続函数となるとは限らない．以下の問題を参照せよ．

<u>問題 31</u>. $[0,1]$ 上で連続でかつ絶対連続でない函数 (Cantor 函数) を以下の手順で構成せよ．

(1) Cantor 集合を構成する際に $[0,1]$ から引き抜く各 k step ごとの区間を

$$I_k^j = \left(\frac{2j-1}{2 \cdot 3^{k-1}} - \frac{1}{2 \cdot 3^k}, \quad \frac{2j-1}{2 \cdot 3^{k-1}} + \frac{1}{2 \cdot 3^k} \right),$$

$(k = 1, 2, \cdots, 1 \leq j \leq 3^{k-1})$ とし，

$$C = [0,1] \setminus \bigcup_{k=1}^{\infty} \bigcup_{j=1}^{3^{k-1}} I_k^j$$

とおく．それぞれの step で新たに取り去った区間上において，一定の値，すなわち，それぞれ $\frac{1}{2}, \frac{1}{4}, \frac{3}{4}, \frac{1}{8}, \frac{3}{8}, \frac{5}{8}, \frac{7}{8}, \cdots$ として与え，さらに Cantor 集合上の値を非 Cantor 集合の点 (正則点) の値の左連続で与えた函数を Cantor 函数あるいは Cantor の悪魔の階段 (Cantor's devil steircase) と呼ぶ．

$$\mathcal{C}(x) = \begin{cases} I_k^j \text{が含まれる区間の中点の値}, & x \in I_k^j \\ \displaystyle\lim_{x_k \to x-} c(x_k), & x \in C, x_k \in [0,1] \setminus C. \end{cases}$$
(7.12)

(2) Cantor 函数 $\mathcal{C}(x)$ は単調増加函数である．(定義からほぼ明白)

(3) 従って Cantor 函数 $\mathcal{C}(x)$ は有界変動函数である．(命題 7.5(1) から明白.)

(4) Cantor 函数 $\mathcal{C}(x)$ は連続函数である．(定義から右連続を示せばよい.)

(5) Cantor 函数 $\mathcal{C}(x)$ はほとんど至るところその微分が 0 となる．
(Cantor 集合は測度 0. それ以外で $\mathcal{C}(x)$ は定数だからほとんどいたるところ微分は 0.)

(6) Cantor 函数 $\mathcal{C}(x)$ は絶対連続ではない．
($\mathcal{C}(x)$ はほとんどいたるところ微分は 0 なので絶対連続であるとすると，もとの函数は定数となる．これは矛盾.)

定義. $\mathbb{R}$ 上の絶対連続函数であって可積分な函数全体の集合を $W^{1,1}(\mathbb{R})$ と表す[*6)]．$W^{1,1}(\mathbb{R})$ の各元 f に対して $f(x) = g(x)$ $a.e.$ なる関係を持って同値類

[*6)] I を区間，k を可微分指数，p を可積分べき指数としたときの Sobolev (ソボレフ) 空間 $W^{k,p}(I)$ は Banach 空間の特別な例である．この場合は $k = p = 1$, $I = \mathbb{R}$ としている．

を入れる．その商空間を $W^{1,1}(\mathbb{R})$ と記し **Sobolev 空間**と呼ぶ．

$W^{1,1}(\mathbb{R})$ はノルム

$$\|f\|_{W^{1,1}} = \int_{\mathbb{R}} |f(x)|d\mu(x) + \int_{\mathbb{R}} |f'(x)|d\mu(x)$$

を持つ完備ノルム空間となる．完備なノルム空間を **Banach 空間**[*7)] と呼ぶ．すなわち可積分な絶対連続函数全体の集合は Banach 空間となることがわかる．

　有界変動函数 f は測度を導函数として持つ函数であるといえる．$\mathbb{R}$ 上，あるいはその部分区間で定義された函数 f は，その導函数の性質に応じて以下のように階層的に分類され，それぞれに以下の包含関係が成立する．

$$BV(I) \equiv \{f \text{ が有界変動函数}\} \simeq (\text{``導函数'' が符号付き測度})$$

$$\cup$$

$$AC(I) = W^{1,1}(I) \equiv \{f \text{ が絶対連続函数}\}$$
$$\simeq (\text{``導函数'' が絶対可積分函数})$$

$$\cup$$

$$W^{1,p}(I) \equiv \{f \text{ が Sobolev 空間の函数 } (1 < p < \infty)\}$$
$$\simeq (\text{``導函数'' が } p \text{ 乗可積分})$$

$$\cup \quad (I \text{ が有限区間の場合のみ})$$

$$W^{1,\infty}(I) \equiv \{f \text{ が Lipschitz 連続函数}\}$$
$$\simeq (\text{``導函数'' がほとんど至るところ有界})$$

$$\cup \quad (I \text{ が有限閉区間の場合のみ})$$

$$C^1(I) \equiv \{f \text{ が } C^1 \text{ 函数}\} \simeq (\text{``導函数'' が連続函数})$$

$$\cup$$

$$W^{2,1}(I) \equiv \{\text{``導函数'' が絶対連続}\} \simeq (\text{``2 階導函数'' が絶対可積分}).$$

注意: 最後の $W^{2,1}(I)$ は区間 $I = (a,b)$ 上で自分自身 $f = f(x)$ とその 2 階までの微分 f', f'' が絶対可積分な函数全体の集合を表す．一般にそういった函数は，その函数自身 f とその一階微分 f' が連続函数になるか？ という問題の端点の指数になっていて，その関係は Sobolev 空間 $W^{k,p}(\mathbb{R}^n)$ の場合，その変数の空間次元 n と可積分指数 p および可微分指数 k の間に

S. Banach

---

*7)　Stephan Banach (1892–1945). ポーランドの数学者．Steinhaus により見出された．函数解析学，実解析学で多大な功績がある．セミナーをカフェで行ったことから学生に人気があった．

$$k = \frac{n}{p}$$

が成り立つときに発生する. 例えば $n = 2$ で $p = 2$ のとき $W^{1,2}(\mathbb{R}^2)$ に属す函数は必ず連続になるか? という問題である. 一般に $1 < p$ の場合, 上の指数の関係が成り立っても f は連続にはならないが $p = 1$ の場合だけは例外である.

定理 7.8 からもし f が絶対連続なら上の測度 ν は絶対連続となって, ある可積分函数 $g(x)$ の積分で表されることになる.

以下の定理 (Helly (ヘリー)[*8] の選出 (コンパクト性) 定理) は $\mathbb{R}$ 上の絶対連続函数列に対する各点コンパクトの結果であり, Ascori-Arzela の定理の拡張版として解析学に随所に用いられる.

E. Helly

定理 7.9 (Helly の選出定理) $\mathbb{R}$ 上の有界区間 $I \subset \mathbb{R}$ で定義された有界で絶対連続な函数列 $\{f_n\}_{n=1}^{\infty}$ に対してその部分列 $\{f_{n_k}\}_{k=1}^{\infty}$ とある絶対連続函数 f が存在して各 $x \in I$ に対して

$$f_{n_k}(x) \to f(x) \qquad (k \to \infty)$$

とできる.

定理 7.9 の証明. 証明は函数列 $\{f_n\}_n$ が単調増加函数の列であると仮定して一般性を失わない. (系 7.7 の (2) から絶対連続函数はいつでも単調な函数の差で表されるから). $x_j \in O \cap \mathbb{Q}$ とする. j を固定するごとに, 有界実数列のコンパクト性からある部分列 $\{f_{n_k}\}_k$ とある実数 a_j がとれて

$$f_{n_k}(x_j) \to a_j \qquad k \to \infty$$

とできる. $a_j = f(x_j)$ とおく. 添え字パラメータ (j, k) の対角線論法により部分列を取り直して任意の $x_j \in I \cap \mathbb{Q}$ に対して

$$f_{n_k}(x_j) \to f(x_\ell) \qquad k \to \infty$$

とできる. このとき二つの有理点 $x_j < x_\ell$ に対して $f(x_j) \le f(x_k)$ が成り立つ. 次に任意の $x \in I$ に対してある有理数列 $\{x_j\}_j$ を $x_j \nearrow x$, $\{\bar{x}_\ell\}_\ell$ を $\bar{x}_\ell \searrow x$ ととることができて函数 f_{n_k} は単調増加函数だから任意の j と ℓ に対して

$$f_{n_k}(x_j) \le f_{n_k}(x) \le f_{n_k}(\bar{x}_\ell)$$

が成り立つ. f_{n_k} は x_j について単調増大, 上に有界だから特に $k \to \infty$ により

[*8] Eduard Helly (1884–1943). オーストリアの数学者. 第一次大戦に従軍して撃たれ捕虜としてシベリアに収容された際に函数解析の研究を行った. Hahn-Banach の拡張定理の原型を示した.

$$f(x_j) \le \varlimsup_{k \to \infty} f_{n_k}(x) \le f(\bar{x}_\ell) \tag{7.13}$$

が成り立つ. ここで (7.13) 式左辺の j についての左上極限を

$$f(x) \equiv \varlimsup_{x_j \to +x} f(x_j)$$

とおくと任意の $\varepsilon > 0$ に応じて k を十分大きく選ぶことによって

$$f_{n_k}(x_j) - \varepsilon \le f_{n_k}(x) - \varepsilon \le f(x) \le \varlimsup_{k \to \infty} f_{n_k}(x) \le f(\bar{x}_\ell)$$

となり各辺から $f_{n_k}(x)$ を引き去ると十分大きな k を選べば

$$
\begin{aligned}
-\varepsilon &\le f(x) - f_{n_k}(x) \\
&\le \varlimsup_{k \to \infty} f_{n_k}(x) - f_{n_k}(x) \\
&\le f(\bar{x}_\ell) - f_{n_k}(x) \le f_{n_k}(\bar{x}_\ell) + \varepsilon - f_{n_k}(x)
\end{aligned}
$$

が成り立つ. 両辺で k を固定して $j, \ell \to \infty$ とすれば

$$\left| f(x) - f_{n_k}(x) \right| < 2\varepsilon$$

となり有理点でない x においても $f_{n_k}(x) \to f(x)$ が示される. 特に極限函数 $f(x)$ は単調函数であることが従う. □

第 8 章
Lebesgue 空間 L^p の性質

この章では $\mathbb{R}^n$ 上の部分集合 Ω 上での可測函数のうち p 乗可積分函数のなす集合の函数解析的な性質を調べる. 特に $1 \leq p \leq \infty$ の場合は重要であって, Banach 空間をなし, 様々な函数解析的に特徴的な性質を有する. その性質の証明には Lebesgue 積分論からの議論が必要となる.

8.1 Legesgue 空間 $L^p(\Omega)$

__定義__. $\mathbb{R}^n$ 上の領域 Ω, μ を Ω 上の Lebesgue 測度とする. $0 < p < \infty$ に対して可測函数 f が

$$\int_\Omega |f(x)|^p d\mu(x) < \infty$$

を満たすとき f を p 乗絶対可積分であると呼び, そのような函数全体を $\mathcal{L}^p(\Omega)$ と記し,

$$\|f\|_p = \left(\int_\Omega |f(x)|^p d\mu(x) \right)^{1/p}$$

とおく. また

$$\operatorname*{ess.sup}_\Omega |f(x)| \equiv \inf\{c > 0 : |f(x)| \leq c \text{ a.e. } \Omega\}$$

を f の__本質的上限__ (essential suprimum) と呼んで

$$\|f\|_\infty \equiv \operatorname*{ess.sup}_{x \in \Omega} |f(x)|$$

とおく. 本質的上限が有界な可測函数全体を $\mathcal{L}^\infty(\Omega)$ とおく.

__定義__. $p > 0$ とする. $\Omega \subset \mathbb{R}^n$ に対して Ω 上 p 乗絶対可積分函数全体の集合を $\mathcal{L}^p(\Omega)$ と表す. $\mathcal{L}^p(\Omega)$ 上にほとんど至るところで等しくなる f と g に対して $f \sim g$ という関係を入れるとこれは同値類となる. $\mathcal{L}^p(\Omega)$ を同値類 $\sim$ で割った商空間 $\mathcal{L}^p(\Omega)/\sim$ を $L^p(\Omega)$ と記して __Lebesgue 空間__ と呼ぶ.

さらに $K \subset\subset \Omega$ を任意のコンパクト集合としたとき

$$\int_K |f(x)| d\mu(x) < \infty$$

なる函数の集合を $L^1_{\text{loc}}(\Omega)$ と記す.

絶対可積分函数と同様に $\mathcal{L}^p$ 上ほとんど至るところ等しい函数を同一視してその商空間を $L^p(\Omega)$ と記す. このとき Legesgue 積分の定義によれば

$$\int_\Omega |f(x)|^p dx = \int_0^\infty \mu_{|f(x)|^p}(\lambda') d\lambda'$$
$$= \int_0^\infty \mu(\{x; |f(x)| > \lambda'^{1/p}\}) d\lambda' = \int_0^\infty \mu(\{x; |f(x)| > \lambda\}) p\lambda^{p-1} d\lambda$$

に注意して以下を得る.

命題 8.1 $f \in L^1_{\text{loc}}(\Omega)$ に対して $\mu(\lambda) = \mu_f(\lambda) = |\{x \in \Omega; |f(x)| > \lambda\}|$ を $|f|$ の分布函数とする.

$$\int_\Omega |f(x)|^p dx = p \int_0^\infty \lambda^{p-1} \mu_f(\lambda) d\lambda. \tag{8.1}$$

ちなみに Fubini の定理によれば

$$\int_\Omega |f(x)|^p dx = \int_\Omega \left(\int_0^{|f(x)|} p\lambda^{p-1} d\lambda \right) dx$$
$$= \int_\Omega \int_0^\infty p\lambda^{p-1} \chi_{\{|f(x)| > \lambda\}}(\lambda, x) d\lambda dx = p \int_0^\infty \lambda^{p-1} \mu_f(\lambda) d\lambda$$

となることに注意する.

命題 8.2 Ω を有界集合とする. $f \in L^1(\Omega) \cap L^\infty(\Omega)$ に対して $p \geq 1$ とて

$$\lim_{p \to \infty} \|f\|_p = \|f\|_\infty.$$

注意: 命題 8.2 の主張は Ω が有限測度集合あるいは σ 有限集合に拡張できる.

命題 8.2 の証明. Ω は有界集合なので $\mu(\Omega) < \infty$ である. $\|f\|_\infty$ は $|f(x)|$ の本質的上限だから $|f(x)| \leq \|f\|_\infty$ a.e. である. $\mu(\Omega) < \infty$ なので

$$\|f\|_p \leq \left(\int_\Omega |f(x)|^p d\mu(x) \right)^{1/p} \leq \|f\|_\infty \left(\int_\Omega d\mu(x) \right)^{1/p} = \|f\|_\infty (\mu(\Omega))^{1/p}.$$

よって $p \to \infty$ により $\lim_{p \to \infty} \|f\|_p \leq \|f\|_\infty$.

反対に $\lim_{p \to \infty} \|f\|_p < \|f\|_\infty$ を仮定する. 一般性を失わず $\|f\|_\infty = 1$ としてよい. (そうでなければ f を $f/\|f\|_\infty$ で置き換えればよい.) $\|f\|_\infty$ は $|f(x)|$ の本質的上限だから $|f(x)| \leq 1$ a.e. 特に任意の $n \in \mathbb{N}$ に対してある可測集合

E_n があって $\mu(E_n) > 0$ かつ $|f(x)| \geq 1 - 1/n$ $(x \in E_n)$. (さもなくばある m があってある $\mu(E_m) > 0$ なる任意の集合 E_m 上 $|f(x)| < 1 - 1/m$ となり $\|f\|_\infty \leq 1 - 1/m$ となる). 特に

$$\mu(E_n)^{1/p}\left(1 - \frac{1}{n}\right) \leq \left(\int_{E_n} |f(x)|^p d\mu(x)\right)^{1/p} \leq \|f\|_p < \|f\|_\infty = 1.$$

従って $p \to \infty$ により

$$1 - \frac{1}{n} \leq \lim_{p \to \infty} \|f\|_p < 1.$$

n は任意なので $1 \leq \lim_{p \to \infty} \|f\|_p < 1$ は矛盾. $\qquad\square$

8.2 Hölder の不等式

ここでは，空間 L^p の性質を知る上でもっとも基本的な Hölder の不等式を述べておく．その一般化として有限測度の集合上での Jensen (イェンセン) の不等式を述べる[*1)].

J.L.W.V. Jensen

補題 8.3 (Jensen の不等式) $J(\lambda)$ を $\mathbb{R}$ 上の凸函数とする．$\mathbb{R}^n$ 上の測度 ν に対して $\Omega \subset \mathbb{R}^n$ は ν-可測であるとし

$$\nu(\Omega) = \int_\Omega d\nu(x) < \infty$$

を満たすとき ν-可測函数 f に対して

$$J\left(\frac{1}{\nu(\Omega)} \int_\Omega f(x)d\nu\right) \leq \frac{1}{\nu(\Omega)} \int_\Omega J\big(f(x)\big)d\nu$$

が成り立つ.

補題 8.3 の証明. 一般性を失わず

$$\int_\Omega d\nu = 1$$

と仮定する．そうでない場合は $d\nu = \frac{1}{\nu(\Omega)}d\nu$ と置き換えればよい．$J(r)$ は凸函数だから任意の $\lambda > a$ に対してある $M > 0$ がとれて J の凸性から $\sigma < a < \lambda$ に対して

$$\frac{J(a) - J(\sigma)}{a - \sigma} \leq \frac{J(\lambda) - J(a)}{\lambda - a}$$

から左辺の上限を $m = \sup_{\sigma < a} \frac{J(a)-J(\sigma)}{a-\sigma}$, 右辺の下限を $M = \inf_{a \leq \lambda} \frac{J(\lambda)-J(a)}{\lambda-a}$

[*1)] Johan L.W.V. Jensen (1859–1925). デンマークの技術者・数学者. 電話会社に勤める傍ら数学の研究を行った. 大学のポストに就いたことはない.

とおけば上限, 下限の定義から

$$J(a) + M(\lambda - a) \leq J(\lambda) \tag{8.2}$$

かつ

$$J(a) + m(\sigma - a) \leq J(\sigma)$$

であってもし $m \leq 0 \leq M$ ならば

$$J(a) \leq J(\sigma), J(\lambda)$$

である. $m \leq M$ だから $0 \leq m$ ならば $\sigma < a$ に注意して

$$J(a) + M(\sigma - a) \leq J(\sigma) \tag{8.3}$$

とできる. $M \leq 0$ ならば (8.2) を m に取り替える. いずれにしろ M または m または 0 によって (8.2) と (8.3) が成り立つことがわかる.

いま $x \in \Omega$ に対して

$$\Omega_+ \equiv \{x \in \Omega; f(x) \geq \int_\Omega f(x)d\mu\},$$

$$\Omega_- \equiv \{x \in \Omega; f(x) < \int_\Omega f(x)d\mu\}$$

とおくと $\Omega = \Omega_+ + \Omega_-$ である. $\lambda = f(x)$, $a = \int_\Omega f(x)d\nu$ に対して (8.2) を用いて $\tilde{M}$ を m, M または 0 と解釈して

$$J\left(\int_\Omega f(x)d\nu\right) + \tilde{M}\left(f(x) - \int_\Omega f(x)d\nu\right) \leq J(f(x)), \tag{8.4}$$

$f(x) \leq \int_\Omega f(x)d\mu$ の場合も同様に (8.3) から

$$J\left(\int_\Omega f(x)d\nu\right) + \tilde{M}\left(f(x) - \int_\Omega f(x)d\nu\right) \leq J(f(x)) \tag{8.5}$$

が成立する.

両辺を Ω 上測度 ν で積分すると

$$J\left(\int_\Omega f(x)d\nu\right) + \tilde{M}\int_\Omega \left(f(x) - \int_\Omega f(x)d\nu\right)d\nu \leq \int_\Omega J(f(x))d\nu. \tag{8.6}$$

左辺第 2 項はキャンセルして消えて

$$J\left(\int_\Omega f(x)d\nu\right) \leq \int_\Omega J(f(x))d\nu$$

を得る. $\qquad\qquad\qquad\qquad\qquad\qquad\qquad\qquad\qquad\qquad\qquad\qquad$ □

命題 8.4（**Hölder**[*2)] の不等式）　(1) $\Omega \subset \mathbb{R}^n, 1 \le p, p' \le \infty, 1/p + 1/p' = 1$ とする. $f \in L^1(\Omega)$ と $g \in L^{p'1}(\Omega)$ に対して

$$\int_\Omega f(x)g(x)d\mu(x) \le \|f\|_p \|g\|_{p'}$$

が成り立つ.

(2) $1 \le p \le r \le q \le \infty$ とする. $f \in L^p, g \in L^q$ に対して $fg \in L^r$ であって

$$\|fg\|_r \le \|f\|_p \|g\|_q.$$

ただし $1/r = 1/p + 1/q$.

命題 **8.4** の証明.　$1 < p < \infty$ とする. そうでなければ容易. Jensen の不等式 (補題 8.3) において $J(\lambda) = \lambda^p$ とおくと J は凸函数. Lebesgue 測度 μ に対して $d\nu = |g(x)|^{p'} \|g\|_{p'}^{-p'} d\mu$ とおくと $|f(x)||g(x)|^{1-p'}$ に対して

O.L. Hölder

$$\left(\frac{1}{\|g\|_{p'}^{p'}} \int_\Omega |f(x)||g(x)| d\mu \right)^p$$
$$\le \frac{1}{\|g\|_{p'}^{p'}} \int_\Omega |f(x)|^p |g(x)|^{p(1-p')} |g(x)|^{p'} d\mu$$

を得る. 特に

$$\int_\Omega |f(x)g(x)| d\mu \le \|f\|_p \|g\|_{p'}^{p'-p'/p} = \|f\|_p \|g\|_{p'}.$$

$\square$

　Hölder の不等式より次の Minkovski の不等式を得る. これらはノルムの三角不等式を保証する重要な不等式である.

命題 **8.5**（**Minkovski** の不等式）　(1) $\Omega \subset \mathbb{R}^n, 1 \le p \le \infty$ とする. $f, g \in L^p(\Omega)$ に対して

$$\|f + g\|_p \le \|f\|_p + \|g\|_p$$

が成り立つ.

(2) $0 < p < 1$ とする. $f, g \in L^p(\Omega)$ に対して

$$\|f + g\|_p^p \le \|f\|_p^p + \|g\|_p^p$$

が成り立つ.

(3) $f \in L^p(\Omega \times \Omega')$ とする. $1 \le p < \infty$ に対して

[*2)]　Otto Ludwig Hölder (1859–1937). ドイツの数学者. Kronecker, Weierstrass らに師事. Hölder 連続性など解析学に名を残す.

$$\left(\int_{\Omega'}\left(\int_\Omega |f(x,y)|d\mu(x)\right)^p d\nu(y)\right)^{1/p}$$
$$\leq \int_\Omega \left(\int_{\Omega'}|f(x,y)|^p d\nu(y)\right)^{1/p}d\mu(x)$$

が成り立つ.

命題 8.5 の証明. (1) $p=1,\infty$ の場合は明白. $1<p<\infty$ とする. Hölder の不等式を適用して

$$\int_\Omega |f(x)+g(x)|^p d\mu \leq \int_\Omega |f(x)+g(x)|^{p-1}(|f(x)|+|g(x)|)d\mu(x)$$
$$\leq \left(\int_\Omega |f(x)+g(x)|^p d\mu(x)\right)^{\frac{p-1}{p}}(\|f\|_p+\|g\|_p).$$

従って

$$\|f+g\|_p \leq \|f\|_p + \|g\|_p$$

を得る[*3].

(2) $0<p<1$ とする. 一般に

$$|f(x)+g(x)|^p \leq |f(x)|^p + |g(x)|^p$$

H. Minkowski

が成り立つので両辺を Ω 上で積分すればよい. この不等式は

$$\psi(t) = (1+t)^p - 1 - t^p, \qquad t>0$$

が $0<p<1$ に注意して $\psi'(t) = p(1+t)^{p-1} - pt^{p-1} < 0$ より $\psi(t)$ は単調減少函数かつ $\psi(0)=0$ だから $\psi(t)\leq 0$ となることに起因する.

(3) (1) の方法と同様にして示す. Fubini の定理から積分順序を交換して

$$\int_{\Omega'}\left(\int_\Omega |f(x,y)|d\mu(x)\right)^p d\nu(y)$$
$$= \int_{\Omega'}\left(\int_\Omega |f(x,y)|d\mu(x)\right)\|f(y)\|_{L^1_\mu}^{p-1}d\nu(y)$$
$$= \int_\Omega \left(\int_{\Omega'}|f(x,y)|\|f(y)\|_{L^1_\mu}^{p-1}d\nu(y)\right)d\mu(x).$$

ここで Hölder の不等式を適用すると

$$\int_\Omega \left(\int_{\Omega'}|f(x,y)|\|f(y)\|_{L^1_\mu}^{p-1}d\nu(y)\right)d\mu(x)$$
$$\leq \int_\Omega \left(\int_{\Omega'}|f(x,y)|^p d\nu(y)\right)^{\frac{1}{p}}d\mu(x)\cdot\left(\int_\Omega \|f(y)\|_{L^1_\mu}^p d\nu(y)\right)^{\frac{p-1}{p}}.$$

従って両辺を

[*3] Hermann Minkowski (1864–1909). ドイツの数学者. Hilbert の友人. 相対論における Minkowski 空間で知られる. Einstein, Carathodory らを指導した.

$$\left(\int_\Omega \|f(y)\|^p_{L^1_\mu} d\nu(y) \right)^{\frac{p-1}{p}} = \left(\int_{\Omega'} \left(\int_\Omega |f(x,y)| d\mu(x) \right)^p d\nu(y) \right)^{\frac{p-1}{p}}$$

で割ればよい. □

注意: (3) より次の不等式を得る: $\Omega' = I \subset \mathbb{R}, p \leq r$ として

$$\left(\int_I \left(\int_\Omega |f(t,x)|^p d\mu(x) \right)^{r/p} d\nu(t) \right)^{1/r}$$

$$\leq \left(\int_\Omega \left(\int_I |f(t,x)|^r d\nu(y) \right)^{p/r} d\mu(x) \right)^{1/p}.$$

同じことをノルムで言い換えれば $p \leq r$ のとき

$$\left\| \|f\|_{L^p(\Omega)} \right\|_{L^r(I)} \leq \left\| \|f\|_{L^r(I)} \right\|_{L^p(\Omega)}$$

が成り立つ.

8.3 L^p の完備性と稠密性

<u>定義</u>. $0 < p < \infty$ とする. 実軸 $\mathbb{R}^n$ 上で (Lebesgue の意味で) p 乗絶対可積分な函数全体の集合 $\mathcal{L}^p(\mathbb{R}^n)$ に, ほとんど至るところで一致する函数を同一視する同値類 $\sim$ a.e. を導入して $\mathcal{L}^p$ の $\sim$ a.e. による商空間を考える. すなわち $f \sim g$ を $f(x) = g(x)$ (a.e) と定義して, $f \sim g$ となる元全体の代表元 $\tilde{f}$ のみを集めた集合を考えこれを $L^p(\mathbb{R}^n) \equiv \mathcal{L}^1(\mathbb{R}^n)/\sim$ a.e. とおく. 定理 4.6 から $p = 1$ のとき $L^1(\mathbb{R}^n)$ は完備であり Banach 空間となる. 実は以下が成り立つ.

命題 8.6 (1) $\Omega \subset \mathbb{R}^n$, μ を $\mathbb{R}^n$ の Lebesgue 測度, $1 \leq p \leq \infty$ とする.
このとき $f \in L^p(\Omega)$ に対して

$$\|f\|_p = \left(\int_{\mathbb{R}^n} |f(x)|^p d\mu(x) \right)^{1/p}$$

として $L^p(\Omega)$ は Banach 空間となる.
(2) $0 < p < 1$ とする. このとき $f \in L^p(\Omega)$ に対して

$$\|f\|_p = \left(\int_{\mathbb{R}^n} |f(x)|^p d\mu(x) \right)^{1/p}$$

として $L^p(\Omega)$ は quasi-Banach 空間となる.

命題 8.6 の証明. $p = 1$ の場合は三角不等式が Lebesgue 積分の定義から従うこととすでに示した完備性から主張は明らか. $1 < p < \infty$ とする. $L^p(\Omega)$ がノルム空間となることは Minkovski の不等式と L^p の定義から示される

($\mathcal{L}^p(\mathbb{R}^n)$ はノルム空間にならないことに注意する）. 形式的には

$$\|f\|_p \geq 0,$$

$\|f\|_p = 0 \Leftrightarrow f = 0$ a.e. や

$$\|\alpha f\|_p = |\alpha|\|f\|_p$$

あるいは

$$\|f + g\|_p \leq \|f\|_p + \|g\|_p$$

はすでに示した. $0 < p < 1$ のときは $\|f\|_p^p$ が三角不等式を満たしスカラー倍は $\|f\|_p$ が満たすことから quasi-norm となる.

　$L^p(\mathbb{R}^n)$ が完備であることを示す. このことが Lebesgue 積分を導入したもっとも大きな恩恵である. $\{f_n\}_{n=1}^{\infty} \subset L^p(\mathbb{R}^n)$ を L^p のコーシー 列とする. すなわち任意の $\varepsilon > 0$ に対してある番号 N があってそれ以上の任意の番号 $m, n > N$ に対して

$$\|f_m - f_n\|_p < \varepsilon$$

が成り立つとする. いま $\{f_n\}_{n=1}^{\infty}$ の部分列 $\{f_{n_k}\}_{k=1}^{\infty}$ を

$$\|f_{n_{k+1}} - f_{n_k}\|_p \leq \frac{1}{2^{k/p}}$$

となるように選べる. 以降この部分列を新たに f_k と記すことにする. 基本的なアイデアは

$$g_n(x) \equiv |f_0(x)|^p + \sum_{k=1}^{n} |f_k(x) - f_{k-1}(x)|^p$$

を導入することである. このとき $g_n(x) \geq 0$, かつ

$$\sup_n \int_{\mathbb{R}^n} g_n(x)d\mu(x) \leq \|f_0\|_p^p + \sum_{k=1}^{n} \|f_k - f_{k-1}\|_p^p$$

$$\leq \|f_0\|_p^p + \sum_{k=1}^{n} \frac{1}{2^k} < \infty$$

である. ここで Fatou の補題 (補題 4.2) を用いると, ある $g \in L^p(\mathbb{R}^n)$ が存在して

$$\varliminf_{n \to \infty} g_n(x) = g(x),$$

$$\int_{\mathbb{R}^n} g(x)d\mu(x) \leq \varliminf_{n \to \infty} \int_{\mathbb{R}^n} g_n(x)d\mu(x).$$

特に $g_n(x) \uparrow g(x)$ ゆえ単調収束定理 (命題 4.1) から

$$\lim_{n \to \infty} g_n(x) = g(x) \quad \text{a.e.}$$

かつ $g \in L^p(\mathbb{R}^n)$,

$$\|g_n - g\|_p \to 0.$$

このことから特に $|f_k(x) - f_{k-1}(x)| \to 0$ a.e. である．特に各 x に対して $f_k(x)$ はコーシー列となる．再び実数の完備性からある $f(x) \equiv \lim_{k \to \infty} f_k(x)$ が存在する．このとき $g_n(x)$ の単調収束性から明らかに $\ell, m \le n$ に対して

$$|f_\ell(x) - f_m(x)|^p \le |g_n(x)| \le g(x) \qquad \text{a.e.}$$

右辺は n に依存しないので $m \to \infty$ とすれば

$$|f_\ell(x) - f(x)|^p \le g(x) \qquad \text{a.e.}$$

ゆえに

- $|f_k(x) - f(x)|^p \to 0$ a.e.
- $|f_n(x) - f(x)|^p \le g(x)$ a.e., かつ $g \in L^1(\mathbb{R}^n)$.

これより Lebesgue の優収束定理 (定理 4.5) を適用すると

$$\int_{\mathbb{R}^n} |f_n(x) - f(x)|^p d\mu(x) \to 0 \qquad n \to \infty.$$

特に k 十分大で

$$\|f\|_p \le \|f_k - f\|_p + \|f_k\|_p \le 1 + \|f_k\|_p$$

とできるので $f \in L^p$. 最後に f_k は元々部分列であったが三角不等式とコーシー列の定義を思い出すと元の函数列 f_n が f に L^p で収束することは容易にわかる． $\square$

<u>定義</u>. $\Omega \subset \mathbb{R}^n$ 上の連続函数がコンパクトな台 (support) を持つとは

$$\operatorname{supp} f = \overline{\{x \in \Omega; f(x) \neq 0\}}$$

が Ω 上コンパクト集合であること．

<u>定義</u>. Ω 上で連続でコンパクトな台を持つ函数全体の集合を $C_0(\Omega)$ と記す．

命題 8.7 (1) $1 \le p < \infty$ とする．$C_0(\Omega)$ は $L^p(\Omega)$ で稠密である．すなわち任意の $f \in L^p(\Omega)$ に対してある $f_n \in C_0(\Omega)$ がとれて

$$\|f_n - f\|_p \to 0 \qquad n \to \infty.$$

(2) $0 \le p < 1$ とする．$C_0(\Omega)$ は $L^p(\Omega)$ 上，距離 $d(u, v) = \|u - v\|_p^p$ で決まる位相で稠密である．すなわち任意の $f \in L^p(\Omega)$ に対してある $f_n \in C_0(\Omega)$ がとれて

$$\|f_n - f\|_p^p \to 0 \qquad n \to \infty.$$

<u>定義</u>. 実数 $\mathbb{R}$ 上の函数 $\rho(x)$ を以下で定義する:

$$\rho(x) = \begin{cases} ce^{-\frac{1}{1-|x|^2}}, & |x| < 1, \\ 0, & |x| \geq 1. \end{cases}$$

K.O. Friedrichs

ただし定数 c は $\int_{B_1} \rho(x)dx = 1$ となるように選ぶ. $k \in \mathbb{N}$ に対して $\rho_k(x) = k^n \rho(kx)$ とおく. これを Friedrichs (フリードリクス)[*4] の**モリファイアー・軟化子** (molifier) と呼ぶ. Friedrichs molifier は $C_0^\infty(\mathbb{R})$ の函数の典型的な例である[*5].

補題 8.8　　(1) ρ_k は無限回微分可能ですべての微分は連続となる.

(2) supp $\rho_k \subset \overline{B_{1/k}(0)}$. 従ってその台はコンパクトである.

(3) $\|\rho_k\|_1 = 1$.

<u>問題 32</u>. 補題 8.8 を証明せよ.

<u>定義</u>. $f \in L^p(\Omega)$ と $g \in C_0(\Omega)$ に対して

$$f * g(x) = \int_\Omega f(x-y)g(y)d\mu(y)$$

を f と g の**合成積** (convolution) と呼ぶ.

命題 8.7 の証明. $\Omega = \mathbb{R}^n$ の場合を示す. $\Omega \neq \mathbb{R}^n$ の場合には境界付近での手当が必要であまり本質的でない細かい修正を要するのでここでは述べない. $1 \leq p < \infty$ とする. $f \in L^p(\Omega)$ を固定する. 任意の $\varepsilon > 0$ に対してある $R > 0$ が存在して

$$\left(\int_{B_R} |f(x)|^p dx\right)^{1/p} < \varepsilon$$

とできる. 実際さもなくばすべての $R > 0$ に対してある $\varepsilon_0 > 0$ が存在して

$$\sum_{j \geq M} \int_{B_{2^{-j}} \setminus B_{2^{-j-1}}} |f(x)|^p dx = \int_{B_R} |f(x)|^p dx \geq \varepsilon_0 \tag{8.7}$$

が任意の $M \geq M_0$ に対して成り立たねばならない. 収束級数ならば部分列はいくらでも小さくなるはずだから対偶をとって $\|f\|_p = \infty$. よって $f \notin L^p(\mathbb{R}^n)$. よって f は台がコンパクトのものに制限して一般性を失わない.

いまある単函数列 $\{\tilde{f}_k\}_{k=1}^\infty$ があって下から単調に $\tilde{f}_k(x) \to f_R(x)$ $(k \to \infty)$

[*4]　Kurt Otto Friedrichs (1901–1982). ドイツ系アメリカ人. ニューヨーク大学の Coulant 研究所の創始者. 応用数学, 特に Hilbert 空間における偏微分方程式論に貢献 Lax, Morawetz らを指導. 軟化子のほか Friedrixchs の拡張などで知られる. Carter 大統領からアメリカ国家科学賞を受ける.

[*5]　もちろん実解析的ではない. Gevrey 級になる.

かつ

$$\|\tilde{f}_k - f_R\|_p \to 0, \qquad k \to \infty \tag{8.8}$$

とできる. ただし $f_R = \chi_{B_R}(x)f(x)$. 特に $K_k = \operatorname{supp} \tilde{f}_k$ とおいて $\tilde{K}_k = B_\varepsilon + K_k$ とすれば

$$\varlimsup_{k\to\infty} \int_{\mathbb{R}^n} |\chi_{\tilde{K}_k}(x) - \chi_{B_R}(x)|dx \le \varepsilon |B_R|.$$

以下

- $f_k \in C_0(\mathbb{R}^n)$
- $f_k \to f \ (k \to \infty)$ in $L^p(\mathbb{R}^n)$

を示せば十分である.

f_k が台がコンパクトであることは $\tilde{f}_k$ が単函数であるから台はコンパクト. 台がコンパクトな函数同士の合成積の台は再びコンパクトであることから従う. f_k は連続函数である. 実際 $\varepsilon > 0$ に対して $\delta = \varepsilon/\|\nabla \rho_k\|_\infty$ を選んで $|x - y| < \delta$ としておけば ρ_k の連続性から $|\rho(x - z) - \rho(y - z)| < \varepsilon$ が従う. このとき $\operatorname{supp} \rho_k(x - z)\tilde{f}_k(z)$, $\operatorname{supp} \rho_k(y - z)\tilde{f}_k(z) \subset B_{R+\delta}$ として

$$\begin{aligned}
|f_k(x) - f_k(y)| &= \left| \int_{\mathbb{R}^n} \big(\rho_k(x - z) - \rho_k(y - z)\big)\tilde{f}_k(z)dz \right| \\
&< \varepsilon \|\tilde{f}_k\|_{L^1(B_{1+\delta})} \le \varepsilon |B_{R+\delta}|^{1/p'} \|\tilde{f}_k\|_{L^p(B_{1+\delta})} \\
&\le \varepsilon |B_{R+\delta}|^{1/p'} \|f\|_p
\end{aligned} \tag{8.9}$$

によっていくらでも小さくできる. 最後に $1 = \|\rho_k\|_1$ に注意して (8.8) と (8.9) から

$$\begin{aligned}
\|f_k - f\|_p = \|f_k - f\|_p &\le \left\| \int_{\mathbb{R}^n} \rho_k(x - y)\big(\tilde{f}_k(y) - \tilde{f}_k(x)\big)dy \right\|_p \\
&\quad + \left\| \int_{\mathbb{R}^n} \rho_k(x - y)\big(\tilde{f}_k(x) - f(x)\big)dy \right\|_p \\
&\le \|\rho_k\|_1 \|\tau_{x-y}\tilde{f}_k - \tilde{f}_k\|_p + \|\rho_k\|_1 \|\tilde{f}_k - f\|_p.
\end{aligned} \tag{8.10}$$

このとき右辺第 1 項は単函数の平行移動との差の積分なので,

$$\tau_{x-y}\tilde{f}_k(y) - \tilde{f}_k(y) = \tilde{f}_k(x) - \tilde{f}_k(y) = \begin{cases} 0, & x, y \in S_k \\ d_k, & \text{otherwise} \end{cases}$$

かつ $\tau_{x-y}\tilde{f}_k(y) - \tilde{f}_k(y)$ の台は単函数の接合面の ε 近傍に制限されるので,

$$\|\tau_{x-y}\tilde{f}_k - \tilde{f}_k\|_p \le C\varepsilon^{1/p}. \tag{8.11}$$

(8.10) と (8.11) から $\|\rho_k\|_1 = 1$ に注意して

$$\|f_k - f\|_p \le C\varepsilon^{1/p} + \varepsilon. \tag{8.12}$$

□

8.4 L^p 空間の双対空間と弱収束

まず線形汎函数を復習し，L^p の双対空間について述べる．

<u>定義</u>．X を線形空間とする．$f; X \to \mathbb{R}$ が X 上の線形汎函数であるとは

- $f(u+v) = f(u) + f(v), \forall u, v \in X,$
- $f(\alpha u) = \alpha f(u), \forall u \in X, \forall \alpha \in \mathbb{R}.$

が成り立つとき．

(函数 u の函数 $f(u)$ という意味で汎函数という名をつける)．

<u>定義</u>．X 上の線形汎函数 f が連続であるとは，$\varepsilon > 0$ に対して，ある $\delta > 0$ が存在して，$\|u - v\| < \delta$ なる $u, v \in X$ に対して

$$|f(u) - f(v)| < \varepsilon$$

が成り立つこと．

<u>定義</u>．X をノルム空間とする．$X^* = \{f : X$ 上の連続線形汎函数全体の集合$\}$ を X の双対空間 (dual space) あるいは共役空間と呼ぶ．

定理 8.9 (L^p の双対空間) $\Omega \subset \mathbb{R}^n$, $1 \le p < \infty$ とする．Banach 空間 $L^p = L^p(\Omega)$ の双対空間 $(L^p)^*$ は $L^{p'}(\Omega)$ と同一視できる．すなわち $(L^p)^*$ と $L^{p'}(\Omega)$ は位相同型となり，$(L^p)^* = L^{p'}$ とできる．ここで $1/p + 1/p' = 1$.

注意: $p = \infty$ が除外されていることに注意せよ．

定理 8.9 の証明．任意の $f \in L^p$ に対して写像

$$T_f(u) = \int_\Omega f(x)u(x)dx$$

を定義すると，Hölder の不等式

$$|T_f(u)| \le \|f\|_p \|u\|_{p'} \tag{8.13}$$

から $T_f(\cdot) \in (L^{p'})^*$ と見なせるので，T は $f \in L^p$ から $T_f(\cdot) \in (L^{p'})^*$ への連続線形写像となる．この対応から特に $L^p \subset (L^{p'})^*$ である．この写像が全単射となることを示す．

- 実際 T_f は (8.13) から単射となる．もし f_1, f_2 に対して $T_{f_1}(\cdot), T_{f_1}(\cdot)$ が対応し，$T_{f_1}(\cdot) \equiv T_{f_2}(\cdot)$ と仮定する．このとき

$$0 = T_{f_1}(u) - T_{f_2}(u) = \int_\Omega (f_1 - f_2)u\,dx \qquad \forall u \in L^{p'}.$$

これはすなわち $f_1 - f_2 \in (L^{p'})^*$ と見なして $(L^{p'})^*$ で恒等的に 0 であることを示している. $L^p \subset (L^{p'})^*$ だったから特に $f_1 = f_2$ in L^p.

- 写像 T が全射であることを示す. $T(L^p) \subset (L^{p'})^*$ であって, $(L^{p'})^*$ は Banach 空間の双対空間だから, 後述の命題 8.16 より Banach 空間. また $T(L^p)$ はその中の閉部分空間 (部分空間であることは T の線形性, 閉であることは, L^p の完備性と T の連続性 (すなわち Hölder の不等式 (8.13) に帰着される.) となる. 従って $T(L^p)$ が $(L^{p'})^*$ で稠密であることがわかれば $T(L^p) = (L^{p'})^*$ となり全射がわかる. それを示すために,

$$\langle T_f, u \rangle = 0 \quad \forall u \in L^{p'}$$

と仮定する. すると

$$\int_\Omega f u\,dx = 0$$

だから特に $u = |f|^{p-2}f \in L^{p'}$ と選ぶと

$$\int_\Omega |f|^p dx = 0.$$

従って $f \equiv 0$ がわかる. すなわち $T_f = 0$. 定理 8.18 より $T(L^p)$ は $(L^{p'})^*$ で稠密. $\qquad\square$

上記の定理で本質的に用いたことは, 定理 8.18 と Hölder の不等式 (8.13) である. 定理 8.18 の証明は Hahn-Banach の定理を用いることとなる.

定理 8.9 から L^p の双対空間の双対空間 (重双対空間 (bi-dual space)) $(L^p)^{**}$ は L^p 自身と同一視できるので, L^p は $1 < p < \infty$ であれば回帰的 Banach 空間となる.

系 8.10 (L^p の回帰性)　$1 < p < \infty$ の時 Banach 空間 L^p は回帰的である.

- L^p $(1 < p \le \infty)$ での弱収束

L^p 空間の双対空間が特定できたことにより, その上での弱収束については以下の簡潔な描像が得られる.

命題 8.11 (L^p の弱収束)　$1 < p < \infty$ とする.

(1) Banach 空間 $L^p(\Omega)$ の列 $\{f_n\}_n$ が L^p で f に弱収束するとは任意の $g \in L^{p'}$ に対して

$$\int_\Omega f_n(x)g(x)dx \to \int_\Omega f(x)g(x)dx \qquad n \to \infty$$

が成り立つとき. ここで $1/p + 1/p' = 1$.

> (2) (L^p における弱相対コンパクト性) $L^p(\Omega)$ の有界集合は弱位相
> $\sigma(L^p, L^{p'})$ で相対 (点列) コンパクトである. 特に $\{f_n\}_n \subset L^p(\Omega)$ が
> 有界列のとき L^p 上で弱収束する部分列が取り出せる. あるいはある
> $f \in L^p(\Omega)$ とある部分列 $\{f_{n_k}\}_{k=1}^\infty$ に対して
>
> $$f_{n_k} \rightharpoonup f \qquad \text{in weak-}L^p(\Omega) \qquad k \to \infty.$$

命題 8.11 の証明の概略. (1) は $L^p(\Omega)$ の双対空間が $L^{p'}(\Omega)$ であるという定
理 8.9 と弱収束の定義から直接得られる. (2) は L^p ($1 < p < \infty$) の回帰性
(系 8.10) と Banach-Alaogru の定理 (Banach 空間の有界集合は predual が可
分ならば汎弱点列コンパクト (定理 8.21)[6]) の直接的応用である. □

次に $L^\infty(\Omega)$ の場合を考える. この場合は回帰的な Banach 空間ではない.
しかし, その前双対 (predual) が L^1 であることはわかり, 従って有界列に関
する汎弱点列コンパクト性が得られる. $L^\infty(\Omega)$ 上の有界集合 $\{f_n\}_{n=1}^\infty$ は汎弱
点列コンパクトである. すなわちある部分列 $\{f_{n_k}\}_{k=1}^\infty$ とある $f \in L^\infty(\Omega)$ が
とれて任意の $g \in L^1(\Omega)$ に対して

$$\int_\Omega f_{n_k}(x)g(x)dx \to \int_\Omega f(x)g(x)dx \qquad k \to \infty$$

が成り立つ.

この定理は汎弱位相を導入したもっとも簡明な利点を示している.

8.5 L^1 での弱収束と Dunford-Pettis の定理

L^1 での弱収束については状況がこれまでの場合と異なる. L^1 の双対空間で
ある L^∞ で C_0 は稠密にならない. 特に L^∞ は可分ではない. さらに回帰性
も成り立たない. 従って L^1 函数列の弱収束には注意が必要である.

ここでは L^1 有界列が弱収束する必要かつ十分条件として確率過程論などで
重要な Dunford-Pettis の定理を述べる.

定義. 非可算の添字集合 A を許して $\{f_\alpha\}_{\alpha \in \Lambda} \subset L^1(\Omega)$ が一様可積分 (equi-
integrable) であるとは

$$\sup_{\alpha \in A} \int_{|f_\alpha| > \lambda} |f_\alpha(x)|dx \to 0, \quad \lambda \to \infty$$

が成り立つとき.

次の定理は一様可積分な函数族に対する特徴付けの一つである.

---

[6] Brezis [2] 参照.

定理 8.12 Ω を σ 有限とする. $L^1(\Omega)$ の函数族 $\{f_\alpha\}_{\alpha \in A}$ が一様可積分であることの必要かつ十分条件は以下の二つの条件を満たすとき.

(1) (一様有界性)
$$\sup_{\alpha \in A} \int_\Omega |f_\alpha(x)| dx < \infty.$$

(2) (一様絶対連続性) 任意の $\varepsilon > 0$ に対してある $\delta > 0$ が存在して $\mu(E) < \delta$ を満たす任意の可測集合 E に対して
$$\sup_{\alpha \in A} \int_E |f_\alpha(x)| dx < \varepsilon$$

が成り立つ.

定理 8.12 の証明. 証明は $\mu(\Omega) < \infty$ を仮定する. 一般の場合には加算合併の操作を行う.

● ($\Rightarrow$) 必要性. $\alpha \in A$ に対して f_α を一様可積分であるとする. すなわち任意の $\varepsilon > 0$ に対して十分大きな $\lambda > 0$ があって
$$\sup_\alpha \int_{|f_\alpha| > \lambda} |f_\alpha(x)| dx < \varepsilon$$

を満たすとする. このとき
$$\int_\Omega |f_\alpha(x)| dx = \int_{|f_\alpha| \le \lambda} |f_\alpha(x)| dx + \int_{|f_\alpha| > \lambda} |f_\alpha(x)| dx$$
$$\le \lambda \mu(\Omega) + \varepsilon.$$

特に
$$\sup_{\alpha \in A} \int_\Omega |f_\alpha(x)| dx \le \lambda |\Omega| + \varepsilon < \infty$$

から一様有界. 次に可測集合 E を $\mu(E) \le \frac{\varepsilon}{\lambda}$ ととれば同様にして
$$\int_A |f_\alpha(x)| dx = \int_{E \cap \{|f_\alpha| \le \lambda\}} |f_\alpha(x)| dx + \int_{E \cap \{|f_\alpha| > \lambda\}} |f_\alpha(x)| dx$$
$$\le \lambda \mu(E) + \varepsilon \le 2\varepsilon.$$

● ($\Leftarrow$) 十分性. 函数族 $\{f_\alpha\}_{\alpha \in A}$ が一様有界性と一様絶対連続性を満たすとする.
$$\sup_\alpha \int_\Omega |f_\alpha(x)| dx = M < \infty$$

とおき, Chebyshev の不等式
$$\mu\big(\{x \in \Omega; |f_\alpha(x)| > \lambda\}\big) \le \frac{1}{\lambda} \int_\Omega |f_\alpha(x)| dx \le \frac{M}{\lambda}$$

から特に $E = \{|f_\alpha(x) > \lambda\}$ に対して一様絶対連続性を用いると, 任意の $\varepsilon > 0$ に対してある $\delta > 0$ があって一様絶対連続性が E について成り立つが λ を十分大きく選ぶと $\frac{M}{\lambda} \le \delta$ とできるから一様絶対連続性から

$$\sup_\alpha \int_{\{|f_\alpha|>\lambda\}} |f_\alpha(x)|dx < \varepsilon$$

となる．これは f_α が一様可積分であることを示している． □

一様可積分性は L^1 における函数族の弱収束の必要かつ十分条件を与える．
これが Dunford-Pettis (ダンフォード・ペテイス)[*7][*8] の定理である．

定理 8.13 (Dunford-Pettis) Ω を $\mathbb{R}^n$ の有界領域とする．$L^1(\Omega)$ の有界な函数族 $\{f_n\}_n$ が $L^1(\Omega)$ 上の弱位相 $\sigma(L^1, L^\infty)$ で収束すること，すなわちある $f \in L^1(\Omega)$ があって

$$\int_\Omega f_n(x)g(x)dx \to \int_\Omega f(x)g(x)dx \qquad n \to \infty \qquad \forall g \in L^\infty(\Omega)$$

となる必要かつ十分条件は，函数族 $\{f_n\}_n$ が一様可積分であることである．

定理 8.13 の証明.

● ($\Rightarrow$) 必要性．$\{f_n\}_n$ が $\sigma(L^1, L^\infty)$ で弱収束するとする．すなわち

$$\int_\Omega f_n g\,dx \to \int_\Omega fg\,dx, \qquad (n \to \infty) \qquad \forall g \in L^\infty(\Omega)$$

と仮定する．定理 8.12 により函数族 $\{f_n\}_n$ が一様有界かつ十分大きい n に対して一様絶対連続であることを示せば十分．まず，各 n に対して $|\langle f_n, g \rangle| < \infty$ なので Banach-Steinhaus の定理 (以下の定理 8.19) より

$$\sup_n \sup_{g \in L^\infty} \frac{|\langle f_n, g \rangle|}{\|g\|_\infty} < \infty.$$

左辺は $\sup_n \|f_n\|_{(L^\infty)^*}$ であるが，元々 $f_n \in L^1(\Omega)$ なのでこれは $\sup_n \|f_n\|_1$ に一致する．よって一様有界．

次に f_n が一様絶対連続であることを示す．一般性を失わず $f_n \geq 0$ としてよい．そうでない場合は $f_n = f_n^+ + f_n^-$, $f_n^\pm = \pm\max(\pm f_n, 0)$ とおいて，$f_n^\pm$ のそれぞれについて示せばよい．弱極限函数 $f \in L^1(\Omega)$ が Lebesgue 測度に絶対連続な符号付き測度を定義することから任意の $\varepsilon > 0$ に対して可測集合 $E \in \Omega$ を十分小さい δ に対して $\mu(E) < \delta$ ととれば，

$$\int_E |f(x)|dx < \varepsilon. \tag{8.14}$$

他方，集合 $E \subset \Omega$ の特性函数

$$\chi_E(x) = \begin{cases} 1, & x \in E, \\ 0, & \text{その他の場合} \end{cases}$$

[*7]　Nelson James Dunford (1906–1986). アメリカの数学者．Dunford 積分，Dunford-Schwartz の定理などで知られる．1981 年 Steele 賞受賞．

[*8]　Billy James Pettis (1913–1979). アメリカの数学者．函数解析に貢献した．

は $\chi_E \in L^\infty(\Omega)$ であって，仮定から n を十分大きくとると，f_n は f に L^1-弱収束するので，ある $N_0 \in \mathbb{N}$ があって

$$|\langle f_n, \chi_E \rangle - \langle f, \chi_E \rangle| < \varepsilon, \qquad n > N_0 \tag{8.15}$$

とできる．このとき $n > N_0$ を満たすすべての n に対して評価 (8.14)–(8.15) から

$$\left| \int_E f_n(x)dx \right| \le |\langle f_n, \chi_E \rangle - \langle f, \chi_E \rangle| + \left| \int_E f(x)dx \right| \le \varepsilon + \int_E |f(x)|dx < 2\varepsilon.$$

$f_n \ge 0$ だったので，f_n が $n > N_0$ であれば一様絶対連続であることを示している．$1 \le n \le N_0$ に対しては有限個の函数だけが残されているので，それぞれの一様絶対連続性から従う．

- ($\Leftarrow$) 十分性．$\{f_n\}_n$ の一様可積分性を仮定する．任意の $\varepsilon > 0$ に対して $\lambda = m > 0$ を十分大きくとれば

$$\sup_n \int_{|f_n| > m} |f_n(x)|d\mu(x) < \varepsilon \tag{8.16}$$

となる．いま

$$f_{n,m}(x) = \begin{cases} m, & f_n(x) > m, \\ f_n(x), & |f_n(x)| \le m, \\ -m, & f_n(x) < -m \end{cases}$$

とおく．この置き方から (8.16) に注意して Chebyshev の不等式から

$$\begin{aligned} &\int_{\{x;|f_n(x)|>m\}} |f_n(x) - f_{n,m}(x)|dx \\ &\le \int_{\{x;|f_n(x)|>m\}} |f_n(x)|dx + \int_{\{x;|f_n(x)|>m\}} |f_{n,m}(x)|dx \\ &\le \varepsilon + \mu(\{x; |f_n(x)| > m\}) \\ &< \varepsilon + \frac{\sup_n \|f_n\|_1}{m} < 2\varepsilon \end{aligned} \tag{8.17}$$

となる．

一方 Ω が有界集合であることから，$\{f_{n,m}\}_n$ は $L^2(\Omega)$ 有界列ゆえ，Banach-Alaoglu の定理から $\{f_{n,m}\}_n$ の部分列 $\{f_{n_k,m}\}_k$ で $\sigma(L^2, L^2)$-弱収束するものを選ぶことができる．その L^2-弱極限を f_m とおく．さて $g \in L^\infty$ を任意に選んで固定したとき，Ω の有界性から特に $g \in L^2(\Omega)$ でもあるので L^2-弱収束性から

$$_{L^2}\langle f_{n_k,m}, g \rangle_{L^2} \to {}_{L^2}\langle f_m, g \rangle_{L^2} \qquad k \to \infty.$$

さらに $f(x) \equiv \sup_{m>0} f_m(x)$ とおくと，$\{f_{n_k,m}\}_k$ の弱極限の一意性から，$x \in \{x \in \Omega; |f_m(x)| < m\}$ に対して $f(x) = f_m(x)$ となる．

実際 $\{f_{n_k,m}\}_k$ の L^2-弱極限を h とすれば $f_{n_k,m} \to h$ in weak-L^2 だが，

$f_{n_k,m} \to f \wedge m$ a.e. かつ Ω の有界性から $f_{n_k,m} \to f \wedge m$ in weak -L^2 でもあるので弱極限の一意性から $h = f \wedge m$.

いま各点 $x \in \Omega$ で $f(x) = \lim\limits_{m \to \infty} f_m(x)$ として $f(x)$ を定義する．このとき $|f_m(x)| \geq 0$ だから Fatou の補題 (補題 4.2) より

$$\int_\Omega |f(x)| dx \leq \varliminf_{m \to \infty} \int_\Omega |f_m(x)| dx < \infty.$$

従って $f(x)$ は $L^1(\Omega)$ に属す．いま定理 8.12 より $\{f_n\}_n$ は一様有界かつ一様絶対連続である．

従って試験函数 $g \in L^\infty$ を任意に選んで，(8.17) と L^2-弱収束性から

$$\left| \int_\Omega f_{n_k} g \, dx - \int_\Omega f g \, dx \right|$$

$$\leq \left| \int_\Omega f_{n_k} g \, dx - \int_\Omega f_{n_k,m} g \, dx \right| + \left| \int_\Omega f_{n_k,m} g \, dx - \int_\Omega f_m g \, dx \right|$$

$$+ \left| \int_\Omega f_m g \, dx - \int_\Omega f g \, dx \right|$$

$$\leq \int_{|f_{n_k}|>m} |f_{n_k} - f_{n_k,m}| |g| dx + \left| {}_{L^2}\langle f_{n_k,m}, g \rangle_{L^2} - {}_{L^2}\langle f_m, g \rangle_{L^2} \right|$$

$$+ \int_{|f|>m} |f - f_m| |g| dx$$

$$\leq \int_{|f_{n_k}|>m} \big||f_{n_k}| - m\big| dx \, \|g\|_\infty + \varepsilon + \int_{|f|>m} |f| dx \, \|g\|_\infty$$

（ここで f_{n_k} の一様可積分性 (8.17) と f の一様絶対連続性から
m 十分大により）

$$\leq 2\varepsilon \|g\|_\infty + \varepsilon.$$

$\square$

定理 8.14（Vitali の収束定理） $\Omega \subset \mathbb{R}^n$, $1 \leq p < \infty$, μ-可則かつ $\mu(\Omega) < \infty$ とする[*9]．Ω 上の可測函数 $f_n(x)$ に対して $f_n(x) \to f(x)$ a.e. $(n \to \infty)$ であるときに

- $f_n \to f$ $(n \to \infty)$ in $L^p(\Omega)$ となる

  必要かつ十分条件は

- $|f_n(x)|^p$ が Ω 上一様可積分であること．

定理 8.14 の証明． • ($\Leftarrow$) 十分性: 始めに $1 < p < \infty$ を仮定する．f_n は一様可積分であるとする．

f_n は一様可積分なので特に一様有界．従って Banach-Alaoglu の定理から弱収束する部分列がとれる．その極限を g とおけば

[*9] Ω が σ 有限であればよい．

$$f_n \rightharpoonup g, \qquad w - L^p \quad (n \to \infty).$$

特に $f_n(x) \to f(x)$ a.e. より $g(x) = f(x)$ となる．一方 f_n は一様可積分ゆえ，任意の $\varepsilon > 0$ に対して $\lambda > 0$ を十分大きく選べば

$$\int_{|f_n| > \lambda} |f_n(x)|^p d\mu(x) < \varepsilon$$

がすべての n について成り立つ．また弱収束極限 f についても $f \in L^p$ であるから Fatou の補題から $\chi_A(x)$ を集合 A の特性函数 (A 上で 1，それ以外で 0 をとる函数) として，

$$
\begin{aligned}
\int_{|f| > \lambda} |f(x)|^p d\mu(x) &= \int_\Omega |f(x)|^p \chi_{\{|f| > \lambda\}}(x) d\mu(x) \\
&\leq \varliminf_{n \to \infty} \int_\Omega |f_n(x)|^p \chi_{\{|f_n| > \lambda\}}(x) d\mu(x) \\
&= \varliminf_{n \to \infty} \int_{|f_n| > \lambda} |f_n(x)|^p d\mu(x) < \varepsilon
\end{aligned}
$$

が成り立つ．従って

$$
\begin{aligned}
&\left| \int_{\mathbb{R}^n} |f_n|^p d\mu(x) - \int_{\mathbb{R}^n} |f|^p d\mu(x) \right| \\
&\leq \left| \int_{|f_n| \leq \lambda} |f_n|^p d\mu(x) - \int_{|f| \leq \lambda} |f|^p d\mu(x) \right| \\
&\quad + \left| \int_{|f_n| > \lambda} |f_n|^p d\mu(x) - \int_{|f| > \lambda} |f|^p d\mu(x) \right| \\
&\leq \int_{\{x \in \Omega; |f_n| \leq \lambda\} \cap \{x \in \Omega'|f| \leq \lambda\}} \left| |f_n(x)|^p - |f(x)|^p \right| d\mu(x) \\
&\quad + \int_{\{|f_n| \leq \lambda\} \cap \{|f| > \lambda\}} |f_n(x)|^p d\mu(x) \\
&\quad + \int_{\{|f_n| > \lambda\} \cap \{|f| \leq \lambda\}} |f(x)|^p d\mu(x) + 2\varepsilon.
\end{aligned}
$$

右辺第 1 項は被積分函数が有界 ($2\lambda^p$ で押さえられる) で，ほとんど至るところ 0 に収束するので Lebesgue の優収束定理より ($\mu(\Omega) < \infty$ に注意せよ) 0 に収束する．従って任意の $\varepsilon > 0$ に対してある $N \in \mathbb{N}$ が存在して $n > N$ ならば

$$\int_{\{x \in \Omega; |f_n| \leq \lambda\} \cap \{x \in \Omega'|f| \leq \lambda\}} \left| |f_n(x)|^p - |f(x)|^p \right| d\mu(x) < \varepsilon$$

とできる．この n を固定したとき集合 $\{|f_n| \leq \lambda\} \cap \{|f| > \lambda\}$ と $\{|f_n| > \lambda\} \cap \{|f| \leq \lambda\}$ は共に $n \to \infty$ により測度 0 の集合に近づく．特に必要があれば $\lambda > 0$ がさらに十分大で共に

$$\mu\big(\{|f_n| \leq \lambda\} \cap \{|f| > \lambda\}\big) < \varepsilon,$$
$$\mu\big(\{|f_n| > \lambda\} \cap \{|f| \leq \lambda\}\big) < \varepsilon$$

とできるから一様可積分性よりそれぞれの積分は ε で押さえられる. よって

$$\|f_n\|_p^p \to \|f\|_p^p.$$

すなわち, f_n は f に弱収束してノルム収束するので強収束する.

　$p = 1$ のとき. Dunford-Pettis の定理 (定理 8.13) から f_n は f に L^1 で弱収束する. すると上と同一の議論により f_n は f にノルム収束する[*10]. 元々 f_n は f に各点収束するので系 4.11 から f_n は f に L^1 で強収束する.

・($\Rightarrow$) 必要性: $p = 1$ のとき $f_n \to f$ が L^1 で強収束するので特に L^1 で弱収束する. 従って Dunford-Pettis の定理 (定理 8.13) から直接 $\{f_n\}$ の一様可積分性が導かれる. 　　　　　　　　　　　　　　　　　　□

　以上の定理から以下の結果が直ちに得られる.

系 8.15　f_n が $L^1(\Omega)$ 上で f に L^1-弱収束しかつ $f_n(x) \to f(x)$ a.e. $x \in \Omega$ とすると f_n は f に $L^1(\Omega)$ 上強収束する.

8.6　函数解析学からの補遺

　ここで本文中に用いた函数解析学からの基礎をまとめて記しておく. より詳細には Brezis [2] などを参照のこと.

<u>定義</u>. X をノルム空間としてそのうえの線形函数 f が有界であるとはある定数 $C > 0$ が存在してすべての $u \in X$ に対して

$$|f(u)| \leq C\|u\|_X$$

が成り立つこと.

注意: X をノルム空間とするとき, そのうえの線形汎函数が連続であるということと, 有界であるということは同値である.

<u>定義</u>. X をノルム空間として X^* をその双対空間とする. $\forall f \in X^*$ に対して

$$\|f\|_{X^*} \equiv \sup_{x \in X \setminus \{0\}} \frac{|f(x)|}{\|x\|_X}$$

によって. X^* にノルムが入る.

　定義から $x \in X$ と $f \in X^*$ に対して

$$|f(x)| \leq \|f\|_{X^*}\|x\|_X$$

が成り立つ. X^* のノルムを上記のように定義する最大の恩恵はこの不等式が成り立つことにある.

[*10]　Dunford-Pettis の定理を用いなくとも, $|f|^p$ の可積分性は Fatou の補題で保証される.

命題 **8.16** X を Banach 空間とする. このとき X の双対空間 X^* も Banach 空間となる.

証明. X^* が完備空間であることを示せば十分である. $\{f_n\}_n \subset X^*$ をコーシー列とする. このとき $x \in X$ を固定するたびに $\{f_n(x)\}_n$ がコーシー列となる. このときある $f_0(x) \in \mathbb{R}$ があって $f_n(x) \to f_0(x)$ とできる. この f_0 はすべての $x \in X$ に対して定義できる. このとき f_0 が X 上の連続線形汎函数となっていることを示す.

まず f_0 の線形性は $x, y \in X$ に応じて n を十分大きく選べば,

$$|f_0(x+y) - f_0(x) - f_0(y)|$$
$$\leq |f_0(x+y) - f_n(x+y)| + |f_n(x) - f_0(x)| + |f_n(y) - f_0(y)|$$
$$+ |f_n(x+y) - f_n(x) - f_n(y)|$$
$$\leq 3\varepsilon.$$

このとき n の取り方は $x, y, x+y$ に依存するが, 高々 3 点にしかよらないのでその最大値をとればよい. (x, y などについての一様性がいらない). このとき左辺は, n に依存しないので ε はいくらでも小さくできる. よって $f_0(x+y) = f_0(x) + f_0(y)$. 同様にして

$$|f_0(\alpha x) - \alpha f_0(x)| \leq |f_0(\alpha x) - f_n(\alpha x)| + |\alpha f_n(x) - \alpha f_0(x)|$$
$$\leq 2\varepsilon$$

よって $f_0(\alpha x) = \alpha f_0(x)$. 従って f_0 は線形汎函数.

次に f_0 が有界であることを示す. まず $\{f_n\}_n$ は X^* 上のコーシー列ゆえに, $\|f_n\|_{X^*}$ は有界列である. 任意の $x \in X$ に対して

$$|f_0(x)| \leq \varlimsup_{n \to \infty} |f_n(x)|$$
$$\leq \sup_n \|f_n\|_{X^*} \|x\|_X$$
$$\leq M\|x\|_X.$$

H. Hahn

すなわち f_0 は有界線形汎函数である. 特に f_0 は連続. 従って $f_0 \in X^*$.

最後に $f_n \to f_0$ in X^* を示す. 実際任意の $x \in X$ に対して

$$|f_n(x) - f_0(x)| \leq |f_n(x) - f_m(x)| + |f_m(x) - f_0(x)|$$
$$\leq \|f_n - f_m\|_{X^*} \|x\|_X + |f_m(x) - f_0(x)|$$
$$\text{(ここで } m \text{ を十分大きく選んで } f_0 \text{ の定義から)}$$
$$\leq \|f_n - f_m\|_{X^*} \|x\|_X + \varepsilon$$
$$\text{(次に } N \text{ を十分大きく選んで } f_n \text{ はコーシー列だから)}$$
$$\leq \varepsilon\|x\|_X + \varepsilon.$$

これは $f_n \to f_0$ in X^* を表している[*11]. $\qquad\square$

[*11] Hans Hahn (1879–1934). オーストリアの数学者. 函数解析, 変分法, 位相集合などに貢献. 測度論における Vitali-Hahn-Saks の定理, Hahn の分解定理など. Hahn-Banach の拡張定理のほか Banach 空間の原型を創成していた.

命題 **8.17** X をノルムの定義された線形空間 (すなわちノルム空間), Y は X の部分空間で X で稠密でないものとする. このときある $f \in X^*$, $f \not\equiv 0$ が存在して

$$\langle f, x \rangle = 0, \quad {}^\forall x \in Y$$

とできる.

証明. Y は X で稠密でないので, ある $x_0 \notin \bar{Y}$ が存在する. $\bar{Y}$ は閉かつ, 線形部分空間なので凸, $0 \in \bar{Y}$ より空ではない. $\{x_0\}$ は閉かつ一点なのでコンパクト, 凸である. 従って Hahn-Banach の第二分離定理 (Mazur の第二分離定理) (cf. Brezis [2] Theorem 1.7) から $\bar{Y}$ と $\{x_0\}$ を分離する超平面 $f \in X^*$ が存在し, ある α に対して

$$\langle f, x \rangle > \alpha, \quad x \in \bar{Y} \qquad かつ \quad \langle f, x_0 \rangle < \alpha$$

とできる. もし $f \equiv 0$ であるとすると

$$0 = \langle f, x_0 \rangle < \alpha.$$

従って

$$\langle f, x \rangle > \alpha > 0 \quad x \in Y.$$

これは $\langle f, x \rangle = 0$ に矛盾する. 従って $f \not\equiv 0$. さらに $\langle f, x \rangle > \alpha$ において $x \to \lambda x \in Y$ と取り直すと $\lambda > 0$ ならば

$$\langle f, x \rangle > \frac{\alpha}{\lambda} \to 0, \quad \lambda \to \infty.$$

従って $\langle f, x \rangle \geq 0$ でなければならない. 同時に $\lambda < 0$ ともとれてこの場合には

$$\langle f, x \rangle < \frac{\alpha}{\lambda} \to 0, \quad \lambda \to -\infty.$$

よって $\langle f, x \rangle \leq 0$ でなければならない. 以上により $\langle f, x \rangle = 0$ でなければならないことがわかる. □

命題 8.17 の対偶をとることにより以下を得る.

定理 **8.18** X をノルムの定義された線形空間 (すなわちノルム空間), $Y \subset X$ が X の部分空間として, もし

$$\langle f, x \rangle = 0, \quad \forall x \in Y$$

ならば $f = 0$ となるならば Y は X で稠密である.

次に線形作用素の特徴である一様有界性の原理 (Banach-Steinhaus の定理) を述べる.

定理 **8.19** (**Hahn, Banach-Steinhaus**) X, Y を共に Banach 空間として $\{T_\alpha\}_{\alpha \in A} \subset \mathcal{L}(X, Y)$ を有界線形作用素の列とする. もし任意の $u \in X$ に対して $\sup_\alpha \|T_\alpha u\|_Y < \infty$ であれば

$$\sup_\alpha \|T_\alpha\|_{\mathcal{L}(X,Y)} < \infty$$

となる. すなわち α と u に無関係なある定数 $M > 0$ が存在して

$$\|T_\alpha u\|_Y \le M\|u\|_X, \qquad \forall u \in X, \quad \forall \alpha \in A$$

が成り立つ. これを一様有界性の原理という.

証明. 証明は Baire のカテゴリー定理に持ち込むと直ちに得られる[*12)].

実際

$$X_n \equiv \{u \in X; \|T_\alpha u\| \le n, \quad \forall \alpha \in A\}$$

とおけば仮定 $\sup_\alpha \|T_\alpha u\|_Y < \infty$ から $\bigcup_{n=1}^\infty X_n = X$ である.
いま X は Banach 空間なので特に完備距離空間でもあるから
Baire のカテゴリー定理[*13)]からある番号 n_0 がとれて X_{n_0} は内
点が空集合ではない. すなわちある $u \in X$ に対してある $r > 0$
があって $B_r(u) \subset X_{n_0}$. すなわち

R.L. Baire

$$\|T_\alpha(u + r\omega)\| \le n_0 \qquad \omega \in B_1(0), \forall \alpha \in A.$$

すなわち

$$\|rT_\alpha\omega\| \le \|T_\alpha u\| + \|T_\alpha(u + r\omega)\| \le n_0 + n_0 \le 2n_0 \qquad \omega \in B_1(0).$$

従って

$$\|T_\alpha\|_{\mathcal{L}(X,Y)} = \sup_{\omega \in X, \omega \ne 0} \frac{\|T_\alpha\omega\|}{\|\omega\|} = \sup \|T_\alpha\omega\| \le \frac{2n_0}{r} \equiv M.$$

$\square$

注意: Y はノルム空間で十分である. また A は非可算集合でもかまわない.

定理の仮定は作用素に対して各点の評価しか仮定していない. それから出発して,
一様な評価が得られることを示している点で価値がある.

一様有界性の原理の直接的な応用の一つとして以下の系が知られている.

系 8.20 (Banach-Steinhaus)[*14)] X, Y を共に Banach 空間として $\{T_k\}_k \subset \mathcal{L}(X, Y)$ かつ任意の $u \in X$ に対して

$$T_n u \to Tu \quad (n \to \infty)$$

とする. このとき

(1) $\sup_n \|T_n\|_{\mathcal{L}(X,Y)} < \infty$,

(2) $T \in \mathcal{L}(X, Y)$,

(3) $\|T\|_{\mathcal{L}(X,Y)} \le \varliminf_{n\to\infty} \|T_k\|_{\mathcal{L}(X,Y)}$.

証明. (1) 一般に収束列は有界列なので

$$\sup_k \|T_k u\|_Y < \infty$$

である. 従って一様有界性の原理 (定理 8.19) から

[*12)] René-Louis Baire (1874–1932). フランスの数学者. カテゴリー定理で知られる.

[*13)] Brezis [2] などを参照のこと.

[*14)] W. Hugo D. Steinhaus (1887–1972). ポーランドの数学者. Hilbert の元で学位を取
得. Banach を見出した. 数学の多方面で活躍.

$$\sup_k \|T_k\|_{\mathcal{L}(X,Y)} < \infty$$

が従う.

(2) (3) さらに任意の $\varepsilon > 0$ に対してある番号 N があって $k > N$ ならば

$$\|Tu\|_Y \le \|T_k u - Tu\|_Y + \|T_k u\|_Y \le \varepsilon + \|T_k\|_{\mathcal{L}} \|u\|_X$$

ゆえ

$$\|Tu\|_Y \le \varliminf_{k \to \infty} \|T_k\|_{\mathcal{L}} \|u\|_X.$$

これから (3) が従い,特に

$$\|T\|_{\mathcal{L}} \le \varliminf_{k \to \infty} \|T_k\|_{\mathcal{L}}$$

ゆえ T は有界作用素. 線形性は近似から成立する. □

W.H.D. Steinhaus

定理 8.21(**Helly, Banach-Alaoglu**) 可分な Banach 空間 X の双対空間 X^* の閉単位球内の点列 $\{f_n\}_{n=1}^{\infty}$ は汎弱位相で点列コンパクトである.

Alaoglu[15] の与えた証明はコンパクト集合の直積に関わる選択公理が用いられるが以下では Banach の元の証明 (元々は Helly が示していた) を示す[16].

L. Alaoglu

定理 8.21 の証明. X は可分なのでその可算部分集合 $Y = \{u_i\}_{i=1}^{\infty}$ で X で稠密なものがとれる. 従って勝手な $u \in X$ に対して任意の $\varepsilon > 0$ を止めるとある番号 n_i がとれて $k \ge n_i$ の番号について

$$\|u - u_k\|_X < \varepsilon \tag{8.18}$$

とできる. 次にこうしてできた $\{u_k\}_{k=1}^{\infty}$ について $\langle f_n, u_k \rangle$ は $|\langle f_n, u_k \rangle| \le \|f_n\|_{X^*} \|u_k\|$ であるから k を止めるごとに有界列である. 特に $\{\langle f_n, u_1 \rangle\}_{k=1}^{\infty}$ の中から収束する部分列を取り出すことができる. それを (添字の番号を付け変えて) $\{\langle f_{n_1}, u_1 \rangle\}_{n_1=1}^{\infty}$ とする. 次に $\{\langle f_{n_1}, u_2 \rangle\}_{n_1=1}^{\infty}$ も有界列なのでさらに部分列を取り出して収束させることができる. それを $\{\langle f_{n_2}, u_2 \rangle\}_{n_2=1}^{\infty}$ とおく. このようにして可算回の操作で部分列を取り出すことを繰り返す. このようにして取り出した部分列は各 k に対して $\{\langle f_{n_l}, u_k \rangle\}_{l=1}^{\infty}$ が収束列となっている.

このとき取り出した部分列 $\{f_{n_l}\}_{l=1}^{\infty}$ が汎弱コーシー列 (つまり一般の $u \in X$ について $\{\langle f_{n_l}, u \rangle\}_{l=1}^{\infty}$ が収束列) であることを示す. 任意の $u \in X$ について $\{\langle f_{n_l}, u \rangle\}_{l=1}^{\infty}$ はコーシー列である. 実際 $\forall \varepsilon > 0$ に対してある $N \in \mathbb{N}$ があって $l > k > N$ ならば

$$
\begin{aligned}
&|\langle f_{n_k}, u \rangle - \langle f_{n_l}, u \rangle| \\
&\le |\langle f_{n_k}, u \rangle - \langle f_{n_k}, u_k \rangle| + |\langle f_{n_k}, u_k \rangle - \langle f_{n_l}, u_k \rangle| + |\langle f_{n_l}, u_k \rangle - \langle f_{n_l}, u \rangle| \\
&\le \|f_{n_k}\|_{X^*} \|u - u_k\| + |\langle f_{n_k}, u_k \rangle - \langle f_{n_l}, u_k \rangle| + \|f_{n_l}\|_{X^*} \|u - u_k\| \\
&\le 2\varepsilon \sup_k \|f_{n_k}\|_{X^*} + \varepsilon
\end{aligned}
$$

---

[15] Leonidas Alaoglu (1914–1981). ギリシャ系アメリカ人の数学者. 函数解析,特に Banach-Alaoglu の定理で有名.

[16] Alaoglu 式の証明は例えば, Brezis [2] を見よ.

が (8.18) と $\{\langle f_{n_l}, u_k \rangle\}_{l=1}^{\infty}$ がコーシー列であることから従う．このとき X^* の汎弱完備性より $f_{n_k} \rightharpoonup \exists f$ weak-$*$ in X^* となる．すなわち $\{f_{n_k}\}_{k=1}^{\infty}$ は弱収束列．よって $\{f_n\}_{n=1}^{\infty}$ は点列コンパクト． $\qquad\qquad\qquad\qquad\qquad\qquad\qquad\qquad\qquad\square$

第 9 章

極大函数と Hardy-Littlewood の 定理

この章では Hardy-Littlewood (ハーディー・リットルウッド) の極大函数を定義し，その L^p 有界性を実補間定理を元に示す.

そしてその応用として Lebesgue の微分定理と Hardy-Littlewood-Sobolev (ハーディー・リトルウッド・ソボレフ) の不等式を証明して分数指数の Sobolev 空間を導入する[*1].

G.H. Hardy

9.1 極大函数

<u>定義</u>. 函数 $f(x) : \mathbb{R}^n \to \mathbb{R}$ が $x \in \mathbb{R}^n$ で下半連続であるとは，任意の $\varepsilon > 0$ に対してある $\delta > 0$ が存在して任意の $y \in B_\delta(x)$ に対して

$$f(x) - f(y) < \varepsilon \qquad \left(\iff -\varepsilon < f(y) - f(x) \right)$$

が成り立つこと.

同様に上半連続とは

$$f(x) - f(y) > \varepsilon \qquad \left(\iff -\varepsilon > f(y) - f(x) \right)$$

が成り立つこと.

● 函数 $f = f(\lambda, x) : \mathbb{R}_+ \times \mathbb{R}^n \to \mathbb{R}$ が $\lambda > 0$ について可測，$\lambda > 0$ を固定するごとに x について連続のとき，$\sup_{\lambda>0} f(\lambda, x)$ は x について下半連続である.

実際，$g(x) \equiv \sup_{\lambda>0} f(\lambda, x)$ とおくと，$x \in \mathbb{R}^n$ を任意に選んで固定し，さらに

[*1] Godfrey Harold Hardy (1877–1947). イギリスの数学者，解析的整数論. Littlewood や Ramanujan ら多数の数学者を指導した.

任意の $\varepsilon > 0$ に対して定義からある λ_x が存在して

$$f(\lambda_x, x) \leq g(x) \leq f(\lambda_x, x) + \varepsilon, \quad \forall \lambda > 0.$$

一方 $f(\lambda_x, x)$ は x について連続だから同じ $\varepsilon > 0$ に対して $\delta > 0$ を選べば $y \in B_\delta(x)$ に対して $\big(f(\lambda_x, y) - \varepsilon < \big) \, f(\lambda_x, x) < f(\lambda_x, y) + \varepsilon$. 従って

$$g(x) \leq f(\lambda_\varepsilon, x) + \varepsilon \leq f(\lambda_\varepsilon, y) + 2\varepsilon \leq g(y) + 2\varepsilon.$$

特に

$$g(x) - g(y) < 2\varepsilon.$$

従って $g(\cdot)$ は x で下半連続[*2]. 一方で任意の $\lambda > 0$ に対して

$$g(x) \geq f(\lambda, x)$$

だから特に特別な λ_ε に対しても

$$g(x) \geq f(\lambda_\varepsilon, x)$$
$$(\text{ある } \delta > 0 \text{ があって } y \in B_\delta(x) \text{ に対して})$$
$$\geq f(\lambda_\varepsilon, y) - \varepsilon \underline{\geq g(y)} - 2\varepsilon.$$

上式で x に定めた λ_ε は y に対して同じには選べないので最後の不等式は成立しない. よって一般には上半連続にはならない.

Hardy-Littlewood[*3]の極大函数 (maximal function) を導入する.

定義. $f \in L^1_{\mathrm{loc}}(\mathbb{R}^n)$ に対して

$$M[f](x) = \sup_{r>0} \Big\{ \frac{1}{\mu(B_r)} \int_{B_r(x)} |f(y)| dy \Big\}$$

を f の極大函数 (maximal function) と呼ぶ. ただし $B_r(x) = \{y \in \mathbb{R}^n; |y - x| < r\}$.

注意: 任意の局所可積分函数 f に対して極大函数 $M[f](x)$ は可測となる. 実際

$$\frac{1}{\mu(B_r)} \int_{B_r(x)} |f(y)| dy$$

は変数 x について連続, r についても連続だから可測, そのパラメータ $r > 0$ についての上限は下半連続となる. 実

J.E. Littlewood

[*2]　この下半連続性の証明には $\lambda > 0$ を固定するごとの $f(\lambda, x)$ の下半連続性しか用いていないことに注意する.

[*3]　John Edensor Littlewood (1885–1977). イギリスの数学者. 解析学で多くの業績がある. Hardy との共同研究が有名. あまりに多くの仕事が Hardy と共同だったので, Hardy-Littlewood は Hardy の別名と思われた.

際, $x_0 \in \mathbb{R}^n$ を任意に固定すると, $|f(x)|dx$ は f の局所可積分性から Lebesgue 測度に絶対連続な測度を定義するため

$$\int_{B_r(x_0)} |f(y)|dy$$

は $r > 0$ について連続. $\mu(B_r(x_0)) = n^{-1}\omega_{n-1}r^n$ (ω_{n-1} は n 次元球の表面積) も r について連続だから

$$\frac{1}{\mu(B_r)} \int_{B_r(x)} |f(y)|dy$$

は $r > 0$ について連続である. さらに x_0 を固定したまま任意の $\varepsilon > 0$ に対して, $r > 0$ を選んで $x \in B_\delta(x_0)$ とすると, $B_\delta(x) \subset B_{r+\delta}(x_0)$ ゆえ

$$\left| \int_{B_r(x)} |f(y)|dy - \int_{B_r(x_0)} |f(y)|dy \right|$$

$$= \left| \int_{B_r(x) \cap B_r^c(x_0)} |f(y)|dy - \int_{B_r(x_0) \cap B_r^c(x)} |f(y)|dy \right|$$

$$\leq \int_{B_{r+\delta}(x_0) \cap B_r^c(x_0)} |f(y)|dy + \int_{\{y; |y-x_0|<r\} \cap \{y; |y-x| \geq r\}} |f(y)|dy$$

において右辺第1項は f の局所可積分性と, $\delta \to 0$ のときに

$$\mu\Big(B_{r+\delta}(x_0) \cap B_r^c(x_0)\Big) = \mu\Big(\{y \in \mathbb{R}^n; \ r \leq |y-x_0| < r+\delta\}\Big) \to 0$$

であり, 積分の絶対連続性より右辺第1項は0に収束する. また第2項も積分領域が δ を十分小さく選ぶことにより

$$\mu\Big(\{y; |y-x_0| < r\} \cap \{y; |y-x| \geq r\}\Big) < \varepsilon$$

とできるので, やはり積分の絶対連続性より0に収束する. よって, $r > 0$ を固定して $\mu(B_r)$ で割れば

$$\frac{1}{\mu(B_r)} \int_{B_r(x_0)} |f(y)|dy$$

は x_0 について連続である.

　従って極大函数の上半レベル集合は開集合となり, Borel 可測であるから極大函数は可測である. 特に $f \in L^\infty(\mathbb{R}^n)$ ならば

$$\|M[f]\|_\infty \leq \|f\|_\infty \tag{9.1}$$

が成り立つため同様の推論により可測となる. 不等式 (9.1) は

$$\frac{1}{\mu(B_R)} \int_{B_R(x)} |f(y)|dy \leq \frac{1}{\mu(B_R)} \int_{B_R(x)} dy \cdot \|f\|_\infty \leq \|f\|_\infty$$

より明白であろう.

Lebesgue 空間 $L^p(\mathbb{R}^n)$ $(1 < p \leq \infty)$ に属す函数 f の極大函数 $M[f](x)$ は L^p に属すことが以下で示される．その証明には以下の Vitali (ビタリ) の被覆定理の一部に相当する主張が用いられる．

補題 9.1 (Vitali の被覆定理) E を $\mathbb{R}^n$ の可測集合で $\mu(E) < \infty$ とする．$E \subset \cup_{\lambda \in A} B_{r_\lambda}(x_\lambda)$ となる任意の球の族 $B_{r_\lambda}(x_\lambda)$ に対して可算個の互いに交わらない球の列 $B_{r_j}(x_j)$ $(j = 1, 2, \cdots)$ がとれて

$$\mu(E) \leq C \sum_j \mu(B_{r_j}(x_j)) \tag{9.2}$$

とできる．ここで $C = 5^n$．

注意: 定理の集合 E は実際には以下に示すように

$$E \subset \bigcup_{j=1}^{\infty} B_{5r_j}(x_j)$$

となって半径を変えた可算個の球で被覆される．E がコンパクトではないので有限個には一般にならない．

補題 9.1 の証明. 以下の手順で，可算個の球の列を選ぶ．

(a) 族 $\{B_{r_\lambda}(x_\lambda)\}_{\lambda \in A}$ の中の最大の球を選ぶ．最大の球が存在しないとき，$\sup \mu(B_\lambda) < \infty$ ならば $r_j \to \sup_{\lambda \in \Lambda} r_\lambda$ なる列から $\frac{1}{2} \sup_{\lambda \in \Lambda} r_\lambda < r_j$ となる半径 r_j を持つ球 B_{r_j} を選ぶ．もし $\sup_{\lambda \in \Lambda} r_\lambda = \infty$ ならば $\mu(E) \leq \mu(B_j)$ となる球 B_{r_j} を選ぶ ($\mu(E) < \infty$ だから可能である)．このステップで選んだ球を $B_1 = B_{r_1}(x_1)$ で表す．

(b) 次の球 $B_2 = B_{r_2}(x_2)$ を $B_1 \cap B_2 = \emptyset$ かつ $r_2 \geq \frac{1}{2} \sup\{r_\lambda; B_\lambda \cap B_1 = \emptyset\}$ を満たすように選ぶ．

(c) 上記の操作を繰りかえして，これ以上球が選べなくなるまで繰り返す．すなわち $B_1, B_2, \cdots, B_{k-1}$ に対して $B_k = B_{r_k}(x_k)$ を $B_k \cap \cup_{j=1}^{k-1} B_j = \emptyset$ かつ $r_k \geq \frac{1}{2} \sup\{r_\lambda; B_\lambda \cap \cup_{j=1}^{k-1} B_j = \emptyset\}$ となるように選ぶ．これから有限または可算の球の列が選ばれる．ここで $2r_j$ は $B_1, B_2, \cdots, B_{j-1}$ と交わらない他のすべての球の半径よりも大きくなることに注意する．

(d) もし $\sum_j \mu(B_j) = \infty$ であれば主張は明らか．よって $\sum_j \mu(B_j) < \infty$ を仮定する．

(e) このとき

$$E \subset \bigcup_{j=1}^{\infty} B_{5r_j}(x_j) \tag{9.3}$$

を示す．言い換えれば $B_{5r_j}(x_j)$ の合併が元の E を含むということであ

る. そのためには, 各 λ に対して $B_{r_\lambda}(x_\lambda) \subset \bigcup_j B_{5r_j}(x_j)$ を示せばよい. $B_{r_\lambda}(x_\lambda)$ がある B_j と一致するときは明らか. そこで, $B_{r_\lambda}(x_\lambda)$ はどの B_j とも異なるとする.

(f) いま $\sum_j \mu(B_j) < \infty$ なので $\lim_{j\to\infty} r_j = 0$. 任意の $B_{r_\lambda}(x_\lambda)$ に対して $B_{k+1} = B_{r_{k+1}}(x_{k+1})$ の半径が $2r_{k+1} < r_\lambda$ を満たす最小の k を選ぶ. このような k は存在する. なぜならばもしないとすればどのような k に対しても $2r_k \geq r_\lambda$ となり $r_k \to 0$ から $r_\lambda = 0$ となるから. このとき $B_{r_\lambda}(x_\lambda)$ は少なくとも $B_1, B_2, \cdots, B_k$ の内の一つと交わる. 実際, もし $B_{r_\lambda}(x_\lambda)$ がすべての $B_1, B_2, \cdots, B_k$ と交わらねば, B_{k+1} の半径は $2r_{k+1} \geq r_\lambda$ を満たす. しかしこれは $2r_{k+1} < r_\lambda$ に反する.

(g) $B_{r_\lambda}(x_\lambda)$ が少なくとも $B_1, B_2, \cdots, B_k$ のいずれか一つと交わるので, その中で番号が最小のものを仮に B_i $(1 \leq i \leq k)$ とおけば, $r_\lambda \leq 2r_i$ なので $B_{r_\lambda}(x_\lambda) \subset B_{5r_i}(x_i)$ を得る. $\mu(B_{5r_i}(x_i)) = 5^n \mu(B_{r_i}(x_i))$ より (9.2) は示された. $\qquad \square$

当たり前だが, $\sum_{j=1}^{\infty} \mu(B_j) < \infty$ のときにこの補題 9.1 には意味がある.

定理 9.2 (Hardy-Littlewood-Wiener[*4])

(1) $f \in L^1_{\mathrm{loc}}$ ならば $M[f](x)$ はほとんど至るところ well-defined.

(2) もし $f \in L^1$ ならば $f \to M[f]$ は L^1 から L^1_w への有界作用素で

$$\|M[f]\|_{L^1_w} \equiv \inf\{A; \ \mu_{M[f]}(\lambda) < A\lambda^{-1}\} \leq C_n \|f\|_1. \qquad (9.4)$$

ここで C_n は定数[*5].

(3) $1 < p \leq \infty$ のとき, $f \to M[f]$ は L^p から L^p への有界作用素で

$$\|M[f]\|_p \leq C_{p,n} \|f\|_p. \qquad (9.5)$$

ここで $C_{p,n}$ は p, n だけに依存し, $p \to 1$ のとき $C_{p,n} = O((p-1)^{-1})$ である.

定理 9.2 の証明. $1 < p < \infty$ の場合のみ示す. $p = \infty$ の場合は極大函数の定義の直後に示したことから容易に従う.

(1), (2) まず, (9.4) を示す. $f \in L^1$ のとき極大函数の定義から任意の $x \in E_{M[f]}(\lambda) = \{x; \ M[f](x) > \lambda\}$ に対して $(M[f](x) = \infty$ ともなりうることに

---

*4) Norbert Wiener (1894–1964). アメリカの数学者. 調和解析学, Fourier 解析, Brown 運動での業績のほか, 人工知能, コンピューターサイエンス, 脳科学など多方面に活躍.

*5) ここで $\|\cdot\|_{L^1_w}$ はノルムにならないことに注意する.

注意), ある球 $B_r(x)$ があって

$$\frac{1}{\mu(B_r(x))} \int_{B_r(x)} |f(y)| dy > \lambda \tag{9.6}$$

とできる. すると任意の $x \in E_{M[f]}(\lambda)$ に対して $B_x = B_r(x)$ があって $x \in B_x$ だから $E_{M[f]}(\lambda) \subset \cup_x B_x$ とできる. ここで補題 9.1 によって B_x から互いに交わらない球の可算列 B_j $(j = 1, 2, \dots)$ がとれて

$$\mu(E_{M[f]}(\lambda)) \leq 5^n \sum_j \mu(B_j).$$

ところが (9.6) から

$$\mu(E_{M[f]}(\lambda)) \leq 5^n \lambda^{-1} \sum_j \int_{B_j} |f(y)| dy \leq \frac{5^n}{\lambda} \|f\|_1.$$

よって $E_{M[f]}$ は $\lambda \to \infty$ のときに単調減少集合で

$$\mu(\{M[f] = \infty\}) = \mu\Big(\bigcap_{\lambda>0} E_{M[f]}(\lambda)\Big) = \lim_{\lambda\to\infty} \mu\big(E_{M[f]}(\lambda)\big)$$
$$\leq \lim_{\lambda\to\infty} \frac{5^n \|f\|_1}{\lambda} = 0.$$

これは (1) が成り立つことを示している. また上の不等式から (9.4) が成立する.

(3) 次に (9.5) が成立することを示す. 基本的なアイデアは f の値が大きい領域と小さい領域に分解することである. $E_f(t) = \{x; |f(x)| > \lambda\}$ として

$$f_1(x) = \begin{cases} f(x), & x \in E_f(\lambda/2), \\ 0, & \text{その他} \end{cases}$$

N. Wiener

とおけば, $f \in L^p$ なので $\mu_f(\lambda/2) < \infty$ かつ

$$\int |f_1(x)| dx = \int_{E_f(\lambda/2)} |f(x)| dx \leq (\mu_f(\lambda/2))^{1/p'} \|f\|_p < \infty.$$

ただし p' は $1/p + 1/p' = 1$ を満たす. よって $|f(x)| \leq |f_1(x)| + \lambda/2$ から

$$M[f](x) \leq M[f_1](x) + \lambda/2.$$

これから

$$E_{M[f]}(\lambda) = \{x; M[f](x) > \lambda\} \subset \{x; M[f_1](x) + \lambda/2 > t\}$$
$$= E_{M[f_1]}(\lambda/2).$$

従って (9.4) の証明から

$$\mu_{M[f]}(\lambda) = |E_{M[f]}(\lambda)| \le |E_{M[f_1]}(\lambda/2)| \le \frac{2A}{\lambda}\|f_1\|_1 \le \frac{2A}{\lambda}\int_{|f|>\lambda/2}|f|dx.$$

$$(9.7)$$

ただし $A = 5^n$. よって (9.7) から

$$
\begin{aligned}
\|M[f]\|_p^p &= p\int_0^\infty \lambda^{p-1}\mu_{M[f]}(\lambda)d\lambda \\
&\le p\int_0^\infty \lambda^{p-1}\Big(\frac{2A}{\lambda}\int_{E_f(\lambda/2)}|f(x)|dx\Big)d\lambda \\
&= 2pA\int_0^\infty \lambda^{p-2}\Big(\frac{\lambda}{2}\mu_f\Big(\frac{\lambda}{2}\Big) + \int_{\lambda/2}^\infty \mu_f(\sigma)d\sigma\Big)d\lambda \\
&\quad \Big(\int_{\lambda/2}^\infty \mu_f(\sigma)d\sigma = \int_{\lambda/2}^\infty \int_{\mathbb{R}^n} \chi_{\{|f(x)|>\sigma\}}(\sigma,x)dxds \\
&= \int_{\lambda/2}^\infty \int_{E_f(\lambda/2)} \chi_{\{|f(x)|>\sigma\}}dxd\sigma \\
&= \int_0^\infty \int_{E_f(\lambda/2)} \chi_{\{|f(x)|-\lambda/2>\tau\}}dxd\tau \\
&= \int_{E_f(\lambda/2)}(|f(x)| - \frac{\lambda}{2})dx = \int_{E_f(\lambda/2)}|f(x)|dx - \frac{\lambda}{2}\mu_f\Big(\frac{\lambda}{2}\Big)\Big) \\
&= 2^{p-1}pA\int_0^\infty \Big(\frac{\lambda}{2}\Big)^{p-1}\mu_f\Big(\frac{\lambda}{2}\Big)d\lambda + 2pA\int_0^\infty \lambda^{p-2}\int_{\lambda/2}^\infty \mu_f(s)d\sigma d\lambda \\
&= 2^ppA\int_0^\infty \sigma^{p-1}\mu_f(\sigma)d\sigma + 2pA\int_0^\infty \mu_f(\sigma)\int_0^{2\sigma}\lambda^{p-2}d\lambda d\sigma \\
&= 2^ppA\int_0^\infty \sigma^{p-1}\mu_f(\sigma)d\sigma + \frac{2pA}{p-1}\int_0^\infty \mu_f(\sigma)(2\sigma)^{p-1}d\sigma \\
&= \Big(2^ppA + \frac{2^ppA}{p-1}\Big)\int_0^\infty \mu_f(\sigma)\sigma^{p-1}d\sigma \\
&= \frac{2^pAp}{p-1}\int_0^\infty p\sigma^{p-1}\mu_f(\sigma)d\sigma = \frac{2^pAp}{p-1}\int_{\mathbb{R}^n}|f(x)|^pdx.
\end{aligned}
$$

すなわち $M[f]$ はいたるところ well-defined であり, (9.5) は $C_{p,n} = \frac{2\cdot 5^{n/p}p^{1/p}}{(p-1)^{1/p}}$ として成立する. □

定理 9.3 (Lebesgue の微分定理) $f \in L^1(\Omega)$ に対して

$$\lim_{r\to 0}\frac{1}{\mu(B_r)}\int_{B_r(x)}f(y)d\mu(y) = f(x), \qquad a.a.x \in \Omega \tag{9.8}$$

が成り立つ. 特にほとんどいたる $x \in \Omega$ において

$$\lim_{r\to 0}\frac{1}{\mu(B_r)}\int_{B_r(x)}|f(y)-f(x)|d\mu(y) = 0.$$

このような等式 (9.8) が成り立つ点 x を Lebesgue 点と呼ぶ.

定理 9.3 の証明. $\varepsilon > 0$ を任意に選んで固定する. 集合

$$E_\varepsilon \equiv \left\{ x \in \Omega ; \varlimsup_{r \to 0} \left| \frac{1}{\mu(B_r)} \int_{B_r(x)} f(y) dy - f(x) \right| > \varepsilon \right\}$$

に対して $\mu(E_\varepsilon) < \varepsilon$ を示す.

$f \in L^1(\Omega)$ に対して単函数 $g(x) = \sum_{k=1}^{m} a_k \chi_{A_k}(x)$ であって

$$\|f(x) - g(x)\|_1 < \varepsilon^3$$

となるように選ぶ. 単函数 $g(x)$ に対しては $\mathrm{supp}\, g$ 上で

$$\lim_{r \to 0} \frac{1}{\mu(B_r)} \int_{B_r(x)} g(y) dy = g(x), \qquad \text{a.e.}$$

である. 実際 $B_r(x) \subset A_k$ であれば B_r 上で $g(x)$ は定数 a_k であるからその平均値も $a_k = g(x)$ である. 一方

$$\varlimsup_{r \to 0} \left| \frac{1}{\mu(B_r)} \int_{B_r(x)} (f(y) - g(y)) dy - \big(f(x) - g(x) \big) \right|$$
$$\leq M[f-g](x) + |f(x) - g(x)|$$

なので $x \in E_\varepsilon$ ならば

$$\varepsilon < M[f-g](x) + |f(x) - g(x)|.$$

特に

$$E_\varepsilon \subset \{ x \in \Omega ; M[f-g](x) > \varepsilon/2 \} \cup \{ x \in \Omega ; |f(x) - g(x)| > \varepsilon/2 \}$$

から定理 9.2 (2) と Chebyshev の不等式 (定理 3.9) から

$$\mu(E_\varepsilon) \leq \mu\big(\{ x \in \Omega ; M[f-g](x) > \varepsilon/2 \} \big)$$
$$+ \mu\big(\{ x \in \Omega ; |f(x) - g(x)| > \varepsilon/2 \} \big)$$
$$\leq C\varepsilon^{-1} \|f - g\|_1 + C\varepsilon^{-1} \|f - g\|_1$$
$$\leq C\varepsilon^2.$$

$\varepsilon < C^{-1}$ ならば $\mu(E_\varepsilon) < \varepsilon$ である.

このとき $N = \varlimsup_{k \to \infty} E_{2^{-k}} = \bigcap_{n=1}^{\infty} \bigcup_{k=n}^{\infty} E_{2^{-k}}$ は $\mu(E_{2^{-k}}) \leq 2^{-k}$ から $\sum_k \mu(E_{2^{-k}}) < \infty$ だから Borel-Cantelli の定理 (定理 2.3 (1)) によって $\mu(N) = 0$. すなわち N は零集合であって, 特に $x \notin N$ ならばある n について $x \notin \bigcup_{k=n}^{\infty} E_{2^{-k}}$ だから

$$\varlimsup_{r \to 0} \left| \frac{1}{\mu(B_r)} \int_{B_r(x)} f(y) dy - f(x) \right| \leq 2^{-k} \qquad \forall k \geq n.$$

$\square$

9.2 Hardy-Littlewood-Sobolev の不等式

ここで Riesz ポテンシャル (あるいは分数階積分) を導入する.

<u>定義</u>. $f \in L^p$ と $0 < \mu < n$ に対して

$$I_\mu f = I_\mu[f](x) \equiv \Big(\frac{C(n,\mu)}{|x|^{n-\mu}} * |f| \Big)(x) = C(n,\mu) \int_{\mathbb{R}^n} \frac{|f(y)|}{|x-y|^{n-\mu}} dy.$$

Fourier 変換を用いれば

$$I_\mu f(x) = \mathcal{F}^{-1}\Big[\frac{\hat{f}(\xi)}{|\xi|^\mu} \Big](x)$$

である. このことから, $I_\mu f$ は負の指数を持つ微分 $|\nabla|^{-\mu} f$, すなわち分数階の積分と見なせる (I_μ の I は "指数 μ の 'I'ntegration" にちなむ). $C(n,\mu)$ は n と μ のみに依存する絶対定数である. これは以下で与えられる.

$$C(n,\mu) = \frac{\Gamma((n-\mu)/2)}{2^\mu \pi^{n/2} \Gamma(\mu/2)}.$$

補題 9.4 $\delta > 0$ と $0 < \mu < n$ に対して

$$\int_{B_\delta(x)} \frac{|f(y)|}{|x-y|^{n-\mu}} dy \leq C\delta^\mu M[f](x)$$

が成り立つ.

補題 9.4 の証明. $\{\psi_{j,\delta}(x)\}_{j=1}^\infty$ を 2 進切り落とし函数 (dyadic cut-off) とする. すなわち $\psi_{j,\delta}(x) = \begin{cases} 1, & 2^{-(j+1)}\delta < |x| \leq 2^{-j}\delta, \\ 0, & その他 \end{cases}$ とすると

$$
\begin{aligned}
\int_{B_\delta(x)} \frac{|f(y)|}{|x-y|^{n-\mu}} dy &= \sum_{j=0}^\infty \int_{\mathbb{R}^n} \frac{\psi_{j,\delta}(x-y)|f(y)|}{|x-y|^{n-\mu}} dy \\
&\leq \sum_{j=0}^\infty \frac{1}{(2^{-(j+1)}\delta)^{n-\mu}} \int_{B_{2^{-j}\delta}(x)} |f(y)|dy \\
&\leq \frac{\omega_n}{n} \sum_{j=0}^\infty (2^{-(j+1)}\delta)^\mu \frac{2^n}{|B_{2^{-j}\delta}(x)|} \int_{B_{2^{-j}\delta}(x)} |f(y)|dy \\
&\leq \frac{2^n \omega_n}{n(2^\mu - 1)} \delta^\mu M[f](x).
\end{aligned}
$$

$\square$

以上の準備で Hardy-Littlewood-Sobolev の不等式が示される.

> **定理 9.5（Hardy-Littlewood-Sobolev）** $0 < \mu < n$ かつ $1 < q < \infty$
> とする. このとき $1/q = 1/p - \mu/n$ と $f \in L^p$ に対して
>
> $$\|I_\mu f\|_q \le C\|f\|_p.$$
>
> ここで C は n と p のみに依存する定数.

定理 9.5 の証明. $\delta > 0$ をあとで選ぶ定数として, Hölder の不等式と補題 9.4
から

$$
\begin{aligned}
|I_\mu f(x)| &\le \left| \int_{B_\delta(x)} \frac{|f(y)|}{|x-y|^{n-\mu}} dy \right| + \left| \int_{\mathbb{R}^n - B_\delta(x)} \frac{|f(y)|}{|x-y|^{n-\mu}} dy \right| \\
&\le C\delta^\mu M[f](x) + \omega_n^{1/p'} \|f\|_p \left(\int_\delta^\infty r^{n-1-p'(n-\mu)} dr \right)^{1/p'} \\
&\le C\delta^\mu M[f](x) + \omega_n^{1/p'} \left(\left[\frac{1}{n-p'(n-\mu)} r^{n-p'(n-\mu)} \right]_{r=\delta}^\infty \right)^{1/p'} \|f\|_p \\
&\le C \left[\delta^\mu M[f](x) + \omega_n^{1/p'} \delta^{-n/q} \|f\|_p \right],
\end{aligned}
$$

ただし $n - p'(n-\mu) = np'(1/p' - (1-\mu/n)) = np'(-1/p + \mu/n) = -np'/q < 0$.

ここで $f(x) = Ax^\mu + Bx^{-n/q}$ の最小値は $f'(x_0) = 0$, すなわち

$$A\mu x^{\mu-1} - (nB/q)x^{-n/q-1} = 0$$

で与えられ $x_0 = \left(\dfrac{nB}{\mu q A} \right)^{1/(\mu+n/q)} = \left(\dfrac{nB}{\mu q A} \right)^{p/n}$. そこで $x = x_0$ とおけば

$$f(x) = A\left(\frac{nB}{\mu q A} \right)^{\mu p/n} + B\left(\frac{nB}{\mu q A} \right)^{-p/q} = C(n,p,\mu)A^{1-p\mu/n}B^{p\mu/n}.$$

よって $\delta = (\|f\|_p / M[f](x))^{p/n}$ と選んで

$$\left| I_\mu f(x) \right| \le C[M[f](x)]^{1-\frac{\mu p}{n}} \|f\|_p^{p\frac{\mu}{n}}$$

の両辺を L^p ノルムをとれば $1/q = 1/p - \mu/n$ と定理 9.2 (3) の不等式 (9.5)
から $q(1 - \mu p/n) = p$ に注意して

$$\|I_\mu f\|_q \le C\|M(f)^{(1-p\frac{\mu}{n})}\|_q \|f\|_p^{p\frac{\mu}{n}} \le C\|f\|_p^{1-p\frac{\mu}{n}} \|f\|_p^{p\frac{\mu}{n}} = C\|f\|_p$$

を得る. $\qquad\square$

定理 9.5 はいわゆる Sobolev[*6] の不等式と呼ばれる, 函数の微分と積分の関
係に対する一定の関係を与える不等式の一種であり, その後 Sobolev や Besov
らにより, 函数の微分と L^p 空間との関係として整理され, 偏微分方程式論な

[*6]　Sergei Lvovich Sobolev (1908–1989). ソビエトの数学者. Sobolev 空間論, 偏微分
方程式の弱解など. 偏微分方程式論に不可欠な議論を構築.

どに応用された．特に次の不等式

$$\|f\|_q \le C_{n,p,q}\|\nabla f\|_p, \quad \frac{1}{q} = \frac{1}{p} - \frac{1}{n}, \quad 1 \le p < n \tag{9.9}$$

を導く．ここで $C_{n,p,q} > 0$ は (n,p,q) に依存する定数であり $p \to n$ で $C_{n,p,q} \to \infty$ となる．詳しくは例えば Brezis [2]，小川 [9] などを参照せよ．

S.L. Sobolev

第 10 章
函数の再配列と Lorentz 空間

10.1 函数の再配列 (rearrangent)

$L_w^p(\Omega) = L_w^p$ は弱-L^p 空間を表し，L_w^p の元 f は $\|f\|_{L_w^p} < \infty$ を満たす．ただし

$$\|f\|_{L_w^p} = \inf\left\{A; |\mu_f(\lambda)| \leq \left(\frac{A}{\lambda}\right)^p\right\}, \qquad 1 \leq p < \infty.$$

この値は残念ながらノルムにはならない (quasi-norm)．しかし L_w^p にはノルム

$$\|f\|_{p,w} = \sup_{K \subset\subset \Omega} |K|^{1-1/p} \int_K |f(x)| dx$$

が入りさらに $\|f\|_{L_w^p} \leq \|f\|_{p,w} \leq \frac{p}{p-1}\|f\|_{L_w^p}$ がわかる．従って $1 < p < \infty$ のときに L_w^p は Banach 空間になる．

$L_{\mathrm{loc}}^1(\Omega)$ に属する函数 f の再配列函数 (rearrangement) f^* を導入して L^p 空間の拡張である Lorentz 空間を定義する．

定義．A を $\Omega \subset \mathbb{R}^n$ の可測集合として，A^* を $\mu(B_r(0)) = \mu(A)$ となるような原点を中心とした半径 r の開球 $B_r(0)$ とする．χ_A を A の定義函数として，χ_A^* を χ_{A^*} で定義する．Ω 上の可測函数 f に対して，その Schwartz 単調対称再配列函数 (symmetric decreacing rearrangement) f^* を

$$f^*(x) = \int_0^\infty \chi_{\{|f|>\lambda\}}^*(x) d\lambda$$

で定義する．ただし $\{|f| > \lambda\}$ は $\{y \in \Omega; |f(y)| > \lambda\}$ の簡素化した表記で $|f|$ の上半レベル集合である．χ_A^* の定義から

$$f^*(x) = \int_0^\infty \chi_{\{|f|>\lambda\}^*}(x) d\lambda$$

である．

命題 10.1（Lieb-Loss）　f を非負値可測函数とする．このとき
$$\{x \in \Omega; f(x) > \lambda\}^* = \{x \in \mathbb{R}^n; f^*(x) > \lambda\}.$$

命題 10.1 の証明.

○（⊃）．$\lambda_0 > 0$ を任意に固定する．$x_0 \in \{x \in \mathbb{R}^n; f^*(x) > \lambda_0\}$ とすれば
$$f^*(x_0) = \int_0^\infty \chi_{\{f>s\}^*}(x_0)ds > \lambda_0.$$
特に
$$\int_0^{\lambda_0} \chi_{\{f>s\}^*}(x_0)ds + \int_{\lambda_0}^\infty \chi_{\{f>s\}^*}(x_0)ds > \lambda_0. \tag{10.1}$$
もし $x_0 \notin \{x \in \Omega; f(x) > \lambda_0\}^*$ と仮定すると，ある a に対して $\{x \in \Omega; f(x) > \lambda_0\}^* = B_a(0)$ で，かつ $a \le |x_0|$ のはずである．すると すべての $\lambda > \lambda_0$ に対して，ある r_λ があって
$$B_{r_\lambda}(0) = \{x \in \Omega; f(x) > \lambda\}^* \subset B_a(0)$$
だから，すべての $\lambda > \lambda_0$ に対して $x_0 \notin B_{r_\lambda}(0) = \{x \in \Omega; f(x) > \lambda\}^*$ となる．すなわち
$$\int_{\lambda_0}^\infty \chi_{\{f>s\}^*}(x_0)ds = 0.$$
すると (10.1) から
$$\lambda_0 \ge \int_0^{\lambda_0} \chi_{\{f>s\}^*}(x_0)ds > \lambda_0$$
となって矛盾．従って $x_0 \in \{x \in \Omega; f(x) > \lambda_0\}^*$．

○（⊂）．$\lambda_0 > 0$ を任意に固定する．$x_0 \in \{x \in \Omega; f(x) > \lambda_0\}^*$ とする．いま $a > 0$ に対して $\{x \in \Omega; f(x) > \lambda_0\}^* = B_a(0)$ となっているとする．このとき
$$a = (n\omega_n^{-1}\mu(\{x \in \Omega; f(x) > \lambda_0\}))^{\frac{1}{n}}$$
（ω_n は $(n-1)$ 次元単位球面の表面積）

であって $|x_0| < a$ である．いまもし $|x_0| < b < a$ なる b に対して $B_b(0) = \{x; f(x) > \lambda'\}^*$ となる λ' があるとすれば必ず $\lambda' > \lambda_0$ となる．実際もし $\lambda' \le \lambda_0$ ならば
$$|B_b(0)| \equiv \mu(B_b(0)) = \mu((\{x; f(x) > \lambda'\}^*) = \mu(\{x; f(x) > \lambda'\})$$
$$\ge \mu(\{x; f(x) > \lambda_0\}) = |B_a(0)|.$$
よって $|B_b(0)| \ge |B_a(0)|$．すなわち $b \ge a$．これは $b < a$ に矛盾する．さらにこのような $\lambda' > \lambda_0$ が存在しないならすべての $\lambda' > \lambda_0$ に対して
$$\mu(\{x \in \Omega; f(x) > \lambda'\}^*) \le \frac{\omega_n}{n}|x_0|^n = |B_{|x_0|}(0)|$$

すなわち

$$\mu(\{x \in \Omega; f(x) > \lambda'\}) \leq |B_{|x_0|}(0)|, \quad \lambda' > \lambda_0$$

となる. 事実 $\mu_f(\lambda) = \mu(\{x \in \Omega; f(x) > \lambda\})$ とおけば

$$\mu_f(\lambda') \leq \frac{\omega_n}{n}|x_0|^n < \mu_f(\lambda_0), \quad \lambda' > \lambda_0 \tag{10.2}$$

を表す. いま

$$\bigcup_{\lambda' > \lambda_0} \{x; f(x) > \lambda'\} = \{x; f(x) > \lambda_0\}$$

が成り立つ. 実際 $(\subset)$ は明らかである. 一方任意に $z \in \{x; f(x) > \lambda_0\}$ をとれば $f(z) > \lambda_0$ だから $f(z) > \lambda' > \lambda_0$ となる λ' があって, $z \in \{x; f(x) > \lambda'\}$. 従って $(\supset)$ もいえた.

このときこの左辺の集合は可測集合だから

$$\begin{aligned}
\mu_f(\lambda_0) &= \mu(\{x \in \Omega; f(x) > \lambda_0\}) \\
&= \mu(\bigcup_{\lambda' > \lambda_0} \{x \in \Omega; f(x) > \lambda'\}) \\
&\quad (\{x \in \Omega; f(x) > \lambda'\} \text{ は単調非増加集合ゆえ}) \\
&= \lim_{\lambda' \to \lambda_0} \mu(\{x \in \Omega; f(x) > \lambda'\}) \\
&= \lim_{\lambda' \to \lambda_0} \mu_f(\lambda') \leq \omega_n/n|x_0|^n.
\end{aligned}$$

これは (10.2) に矛盾する. 従って $|x_0| < b < a$ に対して $B_b(0) = \{x \in \Omega; f(x) > \lambda'\}^*$ となる λ' が存在する. このとき $|x_0| < b$ から $x_0 \in \{x \in \Omega; f(x) > \lambda\}^*$ $(^\forall \lambda > \lambda')$ だから

$$\begin{aligned}
f^*(x_0) &= \int_0^{\lambda'} \chi_{\{f(x)>s\}^*}(x_0)ds + \int_{\lambda'}^{\infty} \chi_{\{f(x)>s\}^*}(x_0)ds \\
&\geq \int_0^{\lambda'} \chi_{\{f(x)>s\}^*}(x_0)ds = \lambda' > \lambda_0.
\end{aligned}$$

すなわち $x_0 \in \{x \in \Omega; f^*(x) > \lambda_0\}$ が示された. $\qquad \square$

Schwartz の再配列函数は球対称なので, $\mathbb{R}_+$ 上の単調非増加函数と同一視できる. これを単調減少再配列函数 (decreacing rearrangement) と呼ぶ.

<u>定義</u>. $\Omega \subset \mathbb{R}^n$ 上の可測函数 f に対して f^* をその Schwartz 単調対称再配列函数とする. $\bar{f}_*$ を

$$\bar{f}_* \left(\frac{\omega_n}{n}|x|^n \right) = f^*(x)$$

で定義して f の単調減少再配列函数 (decreacing rearrangement) と呼ぶ. f が非負値ならば, 定義と命題 10.1 より

$$|\{r \in \mathbb{R}_+; \bar{f}_*(r) > \lambda\}| = |\{x \in \mathbb{R}^n; f^*(x) > \lambda\}| = |\{y \in \Omega; f(y) > \lambda\}|$$

が成立する.

　これより直ちに次の重要な性質が得られる.

命題 10.2　$1 \le p \le \infty$ とする. $f \in L^p(\Omega)$ に対して f^* をその単調対称再配列函数とする. このとき, 任意の単調函数 $G(\lambda)$ に対して

$$\int_\Omega G(|f(y)|)dy = \int_{\mathbb{R}^n} G(f^*(x))dx$$

が成り立つ. 同様に単調減少再配列函数 $\bar{f}_*$ に対して同様な等式が成立する. 特に $\|f\|_p = \|f^*\|_p = \|\bar{f}_*\|_p$ である.

命題 10.2 の証明. 命題 10.1 から

$$\mu_f(\lambda) = \mu(\{y \in \Omega; |f(y)| > \lambda\}) = \mu(\{y \in \Omega; |f(y)| > \lambda\}^*)$$
$$= \mu(\{x \in \mathbb{R}^n; f^*(x) > \lambda\}).$$

単調函数は絶対連続函数で従って Radon-Nikodym 微分が存在し, ほとんど至るところで微分可能だから,

$$\int_\Omega G(|f(x)|)dx = \int_0^\infty G'(\lambda)\mu_f(\lambda)d\lambda$$
$$= \int_0^\infty G'(\lambda)\mu(\{x \in \mathbb{R}^n; f^*(x) > \lambda\})d\lambda$$
$$= \int_{\mathbb{R}^n} G(f^*(x))dx.$$

$\square$

　命題 10.2 は序文冒頭で述べた Cavalieri (カバリエリ) の原理の現代的な解釈による精密化といえる.

10.2　Lorentz 空間

　以下, 誤解がなければ $\bar{f}_*$ を単に f_* と書くことにする.

定義 (Lorentz 空間). $1 \le p \le \infty$ と $0 < \sigma \le \infty$ に対して $\Omega \subset \mathbb{R}^n$ 上の局所可積分函数 f が Lorentz 空間 $L^{p,\sigma}(\Omega)$ に属するとは, f の単調減少再配列函数 f_* に対して $0 < \sigma < \infty$ ならば

$$\|f\|_{L^{p,\sigma}} \equiv \left(\int_0^\infty \left(\lambda^{1/p} f_*(\lambda) \right)^\sigma \frac{d\lambda}{\lambda} \right)^{1/\sigma} < \infty$$

のとき, $\sigma = \infty$ ならば

$$\|f\|_{L^{p,\infty}} = \sup_{\lambda > 0} \lambda^{1/p} f_*(\lambda) = \|g\|_{L^r_w} < \infty$$

のときをいう.

> **命題 10.3** Ω を $\mathbb{R}^n$ の領域として $1 \leq p \leq \infty$ とする.
>
> (1) このとき $L^{p,p}(\Omega) = L^p(\Omega)$ が成り立つ.
>
> (2) 任意の $0 < \sigma \leq \rho \leq \infty$ に対して $L^{p,\sigma}(\Omega) \subset L^{p,\rho}(\Omega)$ が成り立つ.

命題 10.3 の証明. (1) $\sigma = p$ として命題 10.2 から直ちに

$$\|f\|_{L^{p,p}} = \left(\int_0^\infty \left(\lambda^{1/p} f^*(\lambda) \right)^p \frac{d\lambda}{\lambda} \right)^{1/p} = \left(\int_0^\infty f^*(\lambda)^p d\lambda \right)^{1/p} = \|f\|_p.$$

(2) 指数を $\sigma \leq \rho < \infty$ とする. このとき

$$
\begin{aligned}
\|f\|_{L^{p,\rho}} &= \left(\int_0^\infty \left(\lambda^{1/p} f^*(\lambda) \right)^\rho \frac{d\lambda}{\lambda} \right)^{1/\rho} \\
&= \left(\sum_{j \in \mathbb{Z}} \int_{2^j}^{2^{j+1}} \left(\lambda^{1/p} f^*(\lambda) \right)^\rho \frac{d\lambda}{\lambda} \right)^{1/\rho} \\
&\leq \left(\sum_{j \in \mathbb{Z}} \int_{2^j}^{2^{j+1}} \left(2^{(j+1)/p} f^*(2^j) \right)^\rho \frac{d\lambda}{\lambda} \right)^{1/\rho} \\
&\qquad (f^* \text{ は単調非増加函数だから}) \\
&= \left(\log 2 \sum_{j \in \mathbb{Z}} \left(2^{(j+1)/p} f^*(2^j) \right)^\rho \right)^{1/\rho} \\
&\leq \left(\log 2 \sum_{j \in \mathbb{Z}} \left(2^{(j+1)/p} f^*(2^j) \right)^\sigma \right)^{1/\sigma} \qquad (\ell_\sigma \subset \ell_\rho \text{ なので}) \\
&\leq 2^{2/p} \left(\sum_{j \in \mathbb{Z}} \int_{2^{j-1}}^{2^j} \left(2^{(j-1)/p} f^*(2^j) \right)^\sigma \frac{d\lambda}{\lambda} \right)^{1/\sigma} \\
&\leq 2^{2/p} \left(\sum_{j \in \mathbb{Z}} \int_{2^{j-1}}^{2^j} \left(\lambda^{1/p} f^*(\lambda) \right)^\sigma \frac{d\lambda}{\lambda} \right)^{1/\sigma} = 2^{2/p} \|f\|_{L^{p,\sigma}}.
\end{aligned}
$$

$$\tag{10.3}$$

従って埋め込み $L^{p,\sigma} \subset L^{p,\rho}$ は連続となる.

$\rho = \infty$ のときは, 十分大きな定数 N に対して, $|j| \geq N$, $2^{j/p} f^*(2^j)$ をとれば上記 (10.3) の 5 行目から結果が従う. $\qquad \square$

注意: Lorentz 空間 $L^{p,\infty}(\mathbb{R}^n)$ には Lebesgue 空間に含まれない斉次函数 $|x|^{-n/p}$ が含まれる. このため具体的にこうした斉次函数を含む議論を行う上では, Lebesgue 空間の拡張として好都合である.

再配列理論の詳細については Lieb–Loss [7] を, また Lorentz 空間については小川 [9] を参照のこと.

あとがき

　本書は九州大学・東北大学における積分論の講義ノートを主体に多少脚色して作成したものである．著者が測度論の専門家というよりも，その利用者であるため，理論構造の完成度よりも，使える測度論—手っ取り早く内容を理解するための構成—を優先したものになっている．本書の内容，特に Lebesgue 積分の構成と概説には次の書籍によるところが大きい．

　冒頭から前半までの構造は Strook [11] に依っている．積分論の概要が非常に短くコンパクトにまとまった書である．Cantor 集合などに代表される測度零集合の多様性については新井 [1] に詳しい．また Lebesgue 積分の定義は Lieb-Loss [7] の流儀に従って，収束定理と線形性の関係については谷島 [14] を参考にした．収束定理と線形性の関係性は谷島 [14] による記述の方が明快であり，本書の議論が煩わしいとお考えの読者はそちらを読まれることをおすすめする．また Fubini の定理や詳細な例などは竹之内 [13] によっている．この書も非常にコンパクトにまとまっており，速習において有効と思われる．後半の詳説の部分は，Stein [12], Lieb-Loss [7], Evans-Gariapy [3] などを参考にした．本書の後に，より詳細に検討を重ねたい読者にはこれらの書に個別に当たることをおすすめする．積分論において伊藤 [5], 猪狩 [4] は定番の書である．伊藤 [5] は著者が学生の頃にはほぼこの本の一択と言われるくらいの著名な書物で，測度論に加えて，函数解析学や Fourier 解析も加えられている．一方 猪狩 [4] はその後に現れた，実解析学の視点で書かれており，多くのことを学べ伊藤 [5] では理解しきれなかったことが猪狩 [4] により理解できたことを覚えている．比較的新しい 柴田 [10], 長澤 [8], はいずれも測度論を応用する分野での大家の手による，詳細が丁寧に解説された書であり，本書においてもたいへん参考にさせていただいた．いずれも本書で触れていない，細かい部分を詰めて読まれるのに適切と思われる．柴田 [10] は実補間理論までの，やや高度な内容も含んでいる．また長澤 [8] は，冒頭の序文をだけでも一読の価値がある．幾何学的な測度の側面について詳しい．

　Lebesgue の学位論文の出版書に対する和訳 [6] も存在する．学位論文の主査が E. Picard であったほか，G. Darboux や H. Poincaré らの署名が記されてあるという．

　このほか函数解析に関わる内容については著名な邦書も多いが，本書では Brezis [2] に従った．かすかにブルバキ風のフレイバーが漂う，非常にコンパ

クトにまとめられた定番の書である．また実解析の偏微分方程式への応用については拙著 小川 [9] などを参照されたい．

最後に粘り強く脱稿をお待ちいただいたサイエンス社数理科学編集部 大溝良平氏，平勢耕介氏にお礼を申し上げる．

2022 年 8 月 コロナウイルス感染禍中の仙台にて，著者

参考文献

[1] 新井仁之,「ルベーグ積分講義　ルベーグ積分と面積 0 の不思議な図形たち」, 日本評論社, 2003.

[2] H. Brezis,「Anlayse fonctionnelle, Théorie et applications」, Masson, Paris 1983. (英訳:「Functional Analysis, Sobolev Spaces and Partial Differential Equations」, Springer Universitext, 2010.)

[3] L.C. Evans, R.E.. Gariepy,「Measure Theory and Fine Properties of Functions」, CRC Press Inc., 1992.

[4] 猪狩惺,「実解析入門」, 岩波書店, 1996.

[5] 伊藤清三,「ルベーグ積分入門」, 裳華房, 1963.

[6] H. Lebesgue,「積分・長さおよび面積」, 吉田耕作・松原稔 訳・吉田耕作 解説, 共立出版, 1969.

[7] E. Lieb, M. Loss,「Analysis」2nd Ed., Ameri. Math. Soc., 2001.

[8] 長澤壯之,「ルベーグ流 測度論と積分論」, 共立出版, 2021.

[9] 小川卓克,「非線型発展方程式の実解析的方法」, シュプリンガー現代数学シリーズ, 丸善出版, 2013.

[10] 柴田良弘,「ルベーグ積分論」, 内田老鶴圃, 2006.

[11] D. Strook,「A Concise Introduction to the Theory of Integraion」, World Scientific, 1990.

[12] E. Stein,「Singular Integral and Properties of Functions」, Princeton Univ. Press, 1972.

[13] 竹之内脩,「ルベーグ積分」(現代数学レクチャーズ B-7), 培風館, 1980.

[14] 谷島賢二,「新版 ルベーグ積分と関数解析」, 朝倉書店, 2015.

索　引

著 者 略 歴

小川 卓克
おがわ　たかよし

1988 年	東京大学 大学院理学系研究科 前期博士課程修了
1990 年	東京大学 大学院理学系研究科 後期博士課程中退
1991 年	理学博士
1990 年	名古屋大学 理学部 助手
1995 年	名古屋大学 大学院多元数理科学研究科 助教授
1998 年	九州大学 大学院数理学研究院 助教授
2004 年	東北大学 大学院理学研究科 教授
	現在に至る.

専門・研究分野　実解析・函数解析・応用解析
主要著書
「要説 わかりやすい微分積分」(サイエンス社)
「非線型発展方程式の実解析的方法」(丸善出版)
「応用微分方程式」(朝倉書店)

SGC ライブラリ-180

リーマン積分からルベーグ積分へ
積分論と実解析

2022 年 10 月 25 日 ©　　　　　　　初 版 発 行

著 者　小川 卓克　　　　　　発行者　森平 敏孝
　　　　　　　　　　　　　　　印刷者　山岡 影光

発行所　　　**株式会社 サイエンス社**

〒151-0051　東京都渋谷区千駄ヶ谷 1 丁目 3 番 25 号
営業 ☎ (03) 5474-8500 (代)　　振替 00170-7-2387
編集 ☎ (03) 5474-8600 (代)
FAX ☎ (03) 5474-8900　　　　　表紙デザイン：長谷部貴志

印刷・製本　三美印刷 (株)

サイエンス社のホームページのご案内
https://www.saiensu.co.jp
ご意見・ご要望は
sk@saiensu.co.jp　まで.

SGC ライブラリ-178 : for Senior & Graduate Courses

空間グラフの
トポロジー

Conway–Gordon の定理をめぐって

新國 亮 著

定価 2530 円

Conway–Gordon の定理を嚆矢とする空間グラフの内在的性質
の研究は，トポロジー，物理，化学，実験科学などを巻き込んで
多くの分流を生み，1 つの体系を成しつつある．本書では，空間
グラフの内在的性質を巡る研究について，古典的な結果から始め
て比較的最近の結果まで含めて概説し，その発展と拡がりを紹介
していく．

サイエンス社

SGC ライブラリ- 172 : for Senior & Graduate Courses

曲面上のグラフ理論

中本敦浩・小関健太　共著

定価 2640 円

昨今の情報化社会の発展により，その理論的基礎を支える離散数学やグラフ理論は数学の中でしっかりとその地位を確立したといってよい．本書では，離散数学やグラフ理論の中でも，曲面上のグラフの理論，すなわち「位相幾何学的グラフ理論」を，数多の演習問題とともに解説している．

サイエンス社

SGC ライブラリ-163：for Senior & Graduate Courses

例題形式で探求する 集合・位相

連続写像の織りなすトポロジーの世界

丹下　基生　著

定価 2530 円

集合・位相は，微積分，線形代数とならび，現代数学の土台となっている．本書では，集合・位相について，多くの例題を交えて解説．解説に際しては，証明における論理の道筋を一つ一つ丁寧に埋めること，およびあまた存在する位相的性質の間の関係性に注意した．「数理科学」の連載「例題形式で探求する集合・位相─基礎から一般トポロジーまで」（2017 年 11 月〜2020 年 7 月）の待望の一冊化．

サイエンス社

SGC ライブラリ- 159 : for Senior & Graduate Courses

例題形式で探求する複素解析と幾何構造の対話

志賀 啓成 著

定価 2310 円

本書では，複素解析の基本的な事項から現代理論の「さわり」までを多くの例題を交えて解説．また，全体を通して複素解析の幾何学的側面を前面に出している．「数理科学」の連載「例題形式で探求する複素解析の幾何学—計算と幾何構造の対話」（2017 年 12 月～2020 年 1 月）の待望の一冊化．

サイエンス社

SGC ライブラリ-156：for Senior & Graduate Courses

数理流体力学への招待

ミレニアム懸賞問題から乱流へ

米田　剛　著

定価 2310 円

Clay 財団が 2000 年に挙げた 7 つの数学の未解決問題の 1 つに「3 次元 Navier-Stokes 方程式の滑らかな解は時間大域的に存在するのか，または解の爆発が起こるのか」がある．この未解決問題に関わる研究は Leray（1934）から始まり，2019 年現在，最終的な解決には至っていない．本書では，非圧縮 Navier-Stokes 方程式，及び非圧縮 Euler 方程式の数学解析について解説する．

サイエンス社

SGC ライブラリ- 155 : for Senior & Graduate Courses

圏と表現論

2-圏論的被覆理論を中心に

浅芝　秀人　著

定価 2860 円

圏論は，多元環の表現論においても実に多様な用いられ方をしている．多くの圏，関手，自然変換が登場し，圏論の一般論も用いられる．本書では 2-圏および随伴系が多用される 2-圏論的被覆理論に焦点をあてて解説する．

サイエンス社

SGC ライブラリ- 152 : for Senior & Graduate Courses

粗幾何学入門

「粗い構造」で捉える非正曲率空間の幾何学と離散群

深谷 友宏 著

定価 2552 円

近年，多様体の範疇を超えた空間の幾何学が活発に研究されている．その一つである粗幾何学（coarse geometry）は，空間を遠くから眺めたときに見えて来る，粗い構造に着目した研究である．本書は，距離空間の基本的な知識をベースに，非正曲率空間の粗幾何学と粗バウム・コンヌ予想を主題とした解説書である．

サイエンス社